Anatoly Pavlovich Sadchikov

Ecologia da vegetação costeira

Anatoly Pavlovich Sadchikov

Ecologia da vegetação costeira

Livro-texto para estudantes de instituições de ensino superior

ScienciaScripts

Este livro é uma tradução do original publicado sob ISBN 978-3-330-02721-3.

Publisher:
Sciencia Scripts
is a trademark of
Dodo Books Indian Ocean Ltd., member of the OmniScriptum S.R.L Publishing group
str. A.Russo 15, of. 61, Chisinau-2068, Republic of Moldova Europe
Printed at: see last page
ISBN: 978-620-3-80230-6

A.P. Sadchikov

ECOLOGIA DA VEGETAÇÃO RIBEIRINHA

UDC 58(075.8)

Recomendado para publicação pelo Centro Internacional de Biotecnologia da Universidade Estatal de Moscovo de Lomonosov M.V.Lomonosov

Sadchikov A.P.
C14 **Ecologia da vegetação costeira**: um livro-texto para estudantes de instituições de ensino superior.

Esta publicação é um curso de palestras preparado para estudantes de especialidades biológicas. Considera questões de classificação e descrição de plantas costeiras e aquáticas em massas de água, métodos de recolha, mapeamento, determinação de biomassa e produção vegetal a partir de posições ecológicas e hidrobiológicas. O papel trófico e ecológico das plantas no sistema de biocenoses aquáticas é considerado. É dada especial atenção ao papel das plantas aquáticas costeiras na auto-purificação das massas de água, avaliação da poluição da água por plantas indicadoras, conservação e utilização racional das plantas aquáticas costeiras, o seu cultivo, restauração, etc. Os métodos de cultivo de plantas aquáticas de aquário e ornamentais são descritos.

O livro destina-se a estudantes-hidrobiólogos, estudantes de outras especialidades biológicas e ecológicas, professores universitários, professores e crianças em idade escolar, especialistas que trabalham na área da ecologia e protecção ambiental, ciências decorativas da paisagem.

INTRODUÇÃO

A vegetação aquática é uma componente importante dos ecossistemas aquáticos. Muitas espécies de peixes desovam na vegetação aquática: dourada, carpa, perca, lúcio, carpa cruciana, ide, barata, barata, tenca e outras. A engorda de peixes jovens e adultos tem lugar aqui; alimentam-se de protozoários, crustáceos, vermes, moluscos, larvas de insectos e, claro, das próprias plantas. Os alevins encontram abrigo entre os arbustos de predadores e influências ambientais adversas. Vários insectos utilizam espessuras vegetais submersas para pôr os seus ovos e alimentar as suas larvas.

As plantas aquáticas (também chamadas macrófitas) regulam a quantidade de oxigénio na água, a concentração de dióxido de carbono, influenciam a composição mineral da água, a acidez, etc. Formam-se condições favoráveis de temperatura e gás na espessura das plantas, que promovem a reprodução e o crescimento intensivo dos animais. Na zona de crescimento vegetal submerso, os processos físico-químicos são mais dinâmicos do que em áreas abertas. Isto é facilitado não só pelas próprias plantas mas também pela sua sujidade (perifíton), bem como por bactérias, organismos planctónicos e bentónicos que vivem em matas. A diversidade de espécies de animais e plantas na mata de macrófitas é significativamente maior do que na parte aberta do corpo de água.

O crescimento moderado das massas de água cria condições favoráveis para o desenvolvimento da fauna fitofílica de organismos planctónicos e de fundo. Os sedimentos do fundo, ricos em resíduos vegetais, são um terreno de reprodução para os organismos que aí vivem. Consomem matéria orgânica e participam assim na limpeza dos corpos de água. Eles próprios formam a base da nutrição da maioria das espécies de peixes e aves aquáticas.

A massa de organismos vivos na espessura das plantas é muitas vezes maior do que na parte aberta do corpo de água. Os bentos dos corpos de água são constituídos por larvas de insectos (chironomids e outros diptera, caddisflies, libélulas, mayflies), oligochaetes, moluscos, crustáceos, etc. Moluscos, oligochaetes e chironomids atingem o maior desenvolvimento em espessuras. Servem de alimento para peixes, aves aquáticas, martas, lontras e comedores de lontras que vivem ao longo das margens dos reservatórios. Os oligochaetes (vermes) encontram-se em solos lamacentos de corpos de água parados e águas poluídas, especialmente se os efluentes das explorações pecuárias entrarem no corpo de água.

Os moluscos são um componente essencial da biocenose. Os gastrópodes são o segundo componente mais diversificado e importante dos macrobentos de água doce depois dos insectos. A maioria das espécies vive em matas de plantas aquáticas. Alimentam-se principalmente de alimentos vegetais, mordiscando tecidos vegetais verdes e moribundos, raspando o perifíton ou ingerindo partículas de lama. Pondweeds, coleopterans, gateflies, beluga, calyxes, phyzae, bitiniae, etc. são comuns em espessuras de plantas.

Um dos grupos predominantes de bentos é o das larvas de chironomids - mosquito. São mais conhecidas como traças. As quironomidas desempenham um papel importante na limpeza do corpo de água. Os especialistas calcularam que até 20 milhões destes insectos voam de 1 ha de superfície do reservatório de água, o que corresponde a 4 kg de massa bruta de insectos.

Foi registado um grande número de espécies de crustáceos fitófilos em matas vegetais submersas. O número de espécies individuais de crustáceos atinge 20-40 mil por um quilograma de plantas.

A vegetação aquática desempenha outra função importante: protege o corpo de água da poluição. Uma grande quantidade de substâncias orgânicas e minerais, metais pesados, detergentes e poluição petrolífera entra na massa de água com escoamento superficial. Espessuras densas de plantas aquáticas e costeiras são uma espécie de filtro que retém mecanicamente sólidos minerais e orgânicos em suspensão e colóides. A sedimentação é facilitada pelo fluxo lento na área de mato e lodo na superfície das plantas submersas.

A vegetação aquática é capaz de absorver e utilizar muitas substâncias orgânicas e minerais, incluindo fertilizantes e detergentes, no processo de metabolismo. A capacidade mineralizante dos organismos na zona da espessura é muito superior à da parte aberta do corpo de água. Isto deve-se ao facto de muitas plantas aquáticas (particularmente canas) terem, além das raízes do solo, raízes aquáticas que consomem matéria mineral e matéria orgânica dissolvida (DOM) directamente da água. A superfície total dessas raízes de cana é 10-15 vezes maior do que a área ocupada pelas plantas. O papel destas raízes na purificação da água a partir de poluentes é extremamente elevado.

As plantas aquáticas actuam como um adsorvente e absorvente, o que acelera a purificação da água a partir de um poluente tão persistente como o petróleo. Por exemplo, na presença de plantas, a degradação do óleo procede 3-5 vezes mais depressa do que sem elas. A decomposição do petróleo é o resultado da acção combinada dos microrganismos que vivem sobre as plantas e as próprias plantas aquáticas costeiras. A elevada capacidade de mineralização em espessuras de plantas aquáticas deve-se principalmente a condições físico-químicas específicas que mantêm uma elevada taxa de fluxo de energia nos biótopos.

A elevada produtividade e capacidade de limpeza das plantas sugerem a necessidade do seu cultivo especial em águas pouco profundas. Como culturas promissoras, os especialistas recomendam o arroz canadiano, canário, beckmania, elodea, batina, caniço, rabo de gato, etc. Estas plantas têm uma alta produtividade.

Para o funcionamento de tais biofiltros, a sua colheita periódica é necessária. Caso contrário, depois de morrerem, as próprias plantas causarão mais poluição das massas de água.

Tudo o que foi dito sobre o papel positivo das plantas aquáticas só é cumprido no caso de ocuparem não mais de 20-30% da área do corpo de água. Caso contrário, começa a inundação dos corpos de água, o que afecta negativamente os seus habitantes e, antes de mais, os peixes.

Na luta contra o crescimento excessivo de corpos de água com canas, cauda de gato, canas, corte de primavera é utilizado, quando as plantas podem ser utilizadas como alimento para animais. Os peixes comedores de plantas, em particular a carpa herbívora, são utilizados como métodos biológicos de controlo de plantas. Este é um peixe bastante voraz; quando alimentado com vegetação aquática suave, a sua ração diária atinge 150% do seu peso corporal.

Ao processar a vegetação, os peixes fitófagos não só transformam eficazmente os produtos vegetais em produtos de peixe, como também alimentam outros organismos com os seus produtos residuais. Os excrementos de peixes fitófagos fornecem alimento para muitos invertebrados bentónicos, especialmente vermes sanguíneos, um alimento valioso para muitas espécies de peixes e aves.

Nos últimos anos, muitas massas de água têm vindo a crescer intensamente. A inundação dos corpos de água afecta em primeiro lugar o regime de gás, a coluna de água está esgotada de oxigénio e, pelo contrário, aparecem o metano e o sulfureto de hidrogénio prejudiciais para os organismos. O número de espécies de organismos no crescimento das plantas diminui drasticamente. A água torna-se gradualmente mais ácida, onde apenas um pequeno número de espécies vegetais e animais pode viver.

Tudo isto pode ser evitado pela remoção atempada da vegetação acumulada, especialmente porque pode ser utilizada para alimentação animal e outras necessidades. Em muitos países as plantas aquáticas são especialmente cultivadas para este fim. Em termos de teor de nutrientes, as plantas aquáticas não são inferiores às culturas forrageiras. Contudo, deve ter-se em conta que após a floração os caules das plantas tornam-se grosseiros e o seu valor forrageiro diminui acentuadamente.

O cultivo de vegetação aquática ripícola contribui para o aumento dos recursos forrageiros nas explorações cinegéticas e piscatórias, reforçando as margens e impedindo a sua erosão. As técnicas agrotécnicas associadas ao cultivo de plantas aquáticas são geralmente descomplicadas.

A maioria das espécies vegetais são perenes e podem ser transplantadas em pedaços de porta-enxertos ou em torrões inteiros. As plantas sem sistema radicular ou com raízes pouco desenvolvidas (ciliado, telorese, capim corneliano) podem ser transplantadas como um todo ou em partes.

Para espécies portadoras de sementes, é aconselhável espalhar as sementes recém-colhidas uniformemente sobre a área aquática. Sementes de muitas plantas flutuam na superfície da água, por isso são enroladas previamente em torrões de argila e espalhadas na zona costeira.

Esta utilização racional dos recursos vegetais das massas de água permite manter a sua biomassa ao nível em que trazem o máximo benefício para a massa de água e os seus habitantes.

* * *

Este trabalho tratou em grande parte dos aspectos hidrobiológicos da hidrobotânica, que é claramente apenas parte do complexo campo de conhecimento sobre a vegetação aquática costeira e a sua relação com os componentes bióticos e abióticos do ambiente. No entanto, espera-se que este manual se revele útil para os estudantes, uma vez que muitas publicações semelhantes não estão amplamente disponíveis.

HISTÓRIA DA INVESTIGAÇÃO DA VEGETAÇÃO COSTEIRA E AQUÁTICA

O interesse no estudo das plantas aquáticas costeiras começou a surgir na Europa já no século XVIII em ligação com o desenvolvimento da piscicultura e da poluição das massas de água, mas a investigação sistemática só começou desde a segunda metade do século X1X. Na Rússia, o estudo da flora e fauna de massas de água foi associado à organização de várias estações hidrobiológicas no território do país. O objectivo era o mesmo - desenvolver métodos e formas de exploração eficaz dos recursos naturais das massas de água.

No início do século XX já tinham sido publicados numerosos estudos sobre vegetação costeira e aquática. Foram   publicadas   as seguintes definições de plantas aquáticas de regiões individuais do país (S.A.Grigoryev, 1903), Ural Lakes (E.I.Ispolitov, 1910) da Rússia Central (B.A.Fedchenko, 1913) etc. Uma série de obras consideradas   características biológicas e   ecológicas de plantas de lagos e rios (N.F.Zolotnitsky, 1890; G.I.Tanfiliev, 1890; L.N.Kropachev, 1901; A. F. Flerov, 1908).

Desde os anos 20 do século XX, foram iniciados estudos de processos biológicos em massas de água a fim de resolver as questões relacionadas com a gestão da pesca, abastecimento de água e tratamento de águas residuais. Foi dada muita atenção à classificação e ecologia da vegetação ribeirinha (S.P.Arzhanov, 1920). O número de publicações que tratam da vegetação costeira em diferentes regiões da Rússia aumentou, incluindo algumas massas de água da parte europeia do país (Ya.Nikitskii, 1925), os lagos da região de Altai (A.A.Vereshchagin, 1925), o grupo Konchezerskaya de lagos em Karelia (G.K.Lepilova, 1930), as planícies aluviais de Don e Volga (A.D.Fursaev, 1933), descrição da vegetação em rios, estuários e litorais (I.K.Pachosskii, 1927). Ao mesmo tempo, foram publicados números-chave de plantas de águas costeiras (B.A. Fedchenko, 1928,   1949;   V.N. Chernov, 1949 e outros).   Em paralelo

A sistematização dos métodos de investigação da vegetação costeira-água é realizada e a classificação das comunidades é desenvolvida (G.K.Lepilova, 1934; L.G.Ramensky, 1938; V.M.Katanskaya, 1956; N.S.Kamyshev, 1961, 1962; I.M.Raspopov, 1968; A.P.Belavskaya, 1977).

Vários trabalhos publicados na década de 1950 estão relacionados com a solução de problemas surgidos durante a criação de grandes reservatórios, em particular, o seu crescimento excessivo com vegetação aquática. Estas investigações iniciaram uma nova direcção na hidro-botânica moderna (S.A. Zerov, 1949, 1976; B. K.Bogachev, 1950, 1952; T.N.Kutova, 1957; I.L.Korelyakova, A.P.Belavskaya, 1958, 1966, 1969; A.A.Potapov, 1960; Ekzertsev, 1966 e outros).Desde os anos 50, tem sido dada muita atenção ao estudo da produtividade da vegetação costeira (N.P. Voronikhin, 1953; V.M. Katanskaya, 1954, 1960; T.T. Taubaev, 1958, 1959, 1963; I.V. Dovbnya, 1978, 1979; etc.). O valor forrageiro das plantas de água costeira foi estudado (M.P. Rozanov, 1954; E.T. Khabibullin, 1974). Tem havido interesse em estudar o impacto da vegetação costeira sobre a produtividade dos corpos de água dos peixes, uma vez que os espessamentos vegetais são locais de desova e habitats para os peixes juvenis e adultos (B.V. Verigin, 1961).

É estudada a possibilidade de utilizar plantas aquáticas como forragem para os animais de exploração. São consideradas as questões da distribuição das plantas, condições do seu crescimento, valor das forragens, métodos de colheita, armazenamento e cultivo (L.P.Mushket, 1960; V.K.Pashkevich, B.S.Yudin, 1978). O papel e o significado da vegetação costeira e aquática para fins de caça é estudado. Uma série de artigos considerou a necessidade de estabelecer comunidades vegetais artificiais, que poderiam servir como fontes naturais de alimento para animais e aves selvagens, locais de nidificação e abrigos (A.M.Barsegyan, 1961; T.T.Taubaev, 1963; A.P.Nechaev, V.M.Sapaev, 1973; V.K.Pashkevich, B.S.Yudin, 1978).

Surgiu outra tendência na hidro-botânica, associada à utilização de vegetação aquática ripícola como filtro biológico para o tratamento de águas poluídas. Isto explica-se pela insuficiente capacidade das instalações de tratamento existentes nessa altura e pelo seu elevado custo. Uma série de obras (K.A. Kokin, 1961, 1962, 1963; P.G. Krotkevich, 1970, 1976; S.V. Komissarov e T.N. Say, 1972) indicam a possibilidade de utilizar a vegetação costeira para a purificação da água a partir de matéria orgânica e mineral em suspensão. Na sua espessura, uma parte considerável dos sólidos em suspensão que entram nos corpos de água com diferentes escoamentos é retida e destruída. O papel essencial da vegetação costeira na purificação da água a partir de uma série de macro e micro compostos biogénicos: fosfatos, nitratos, sulfatos, ácidos orgânicos (K.A. Kokin, 1962; N.K. Deksbakh, 1965; A.I. Kordakov, 1971; A.I. Merezhko, 1977; K.K. Vrochinsky, 1977) é notado.

Foi também estudada a possibilidade de utilizar algumas espécies vegetais para remoção de metais pesados e elementos radioactivos das águas residuais industriais (A.I. Kordakov, 1971). Foi demonstrado que a vegetação aquática participa activamente na desintoxicação de muitos poluentes perigosos, tais como fenóis, produtos petrolíferos, pesticidas, tensioactivos (G.M. Petrov, 1969; V.N. Nikolaev, 1977; N.V. Morozov, 1977, 8

2001). Neste contexto, o cultivo de plantas aquáticas para purificação de efluentes domésticos e industriais com a sua posterior remoção é reconhecido como racional (A.V. Frantsev, 1961).

A competição por elementos biogénicos e antagonismo da vegetação aquática ribeirinha com algas é reconhecida como uma forma eficaz de controlar a floração dos corpos de água (A.V. Frantsev, 1961). Além disso, a vegetação ribeirinha também reduz a poluição bacteriana das massas de água (K.A.Guseva, 1959).

A lavagem de fertilizantes minerais de terras agrícolas e a entrada de águas residuais domésticas e industriais nos corpos de água promove o desenvolvimento intensivo da vegetação ribeirinha e aquática. Isto leva à poluição secundária das águas com resíduos vegetais em decomposição e eutrofização das massas de água (I.L.Korelyakova, 1958; A.A.Potapov, 1961).

Uma breve revisão do trabalho mostra que a vegetação aquática costeira é um elo importante na biocoenose da água doce; as plantas contribuem com a sua quota-parte para o ciclo das substâncias e o fluxo de energia e criam um ambiente especial para os habitantes dos corpos de água.

CONCEITOS BÁSICOS DE CLASSIFICAÇÃO DA VEGETAÇÃO AQUÁTICA COSTEIRA

O estudo da vegetação costeira e aquática permitiu separar a "hidro-botânica" num ramo independente da ciência botânica na interface da geobotânica, da hidrobiologia e da ecologia das plantas.

De acordo com I.M. Raspopov (1963), a hidro-botânica faz parte da botânica, que estuda a ecologia, a fitocenologia e a geografia das plantas aquáticas. T.G. Popova (1965), pelo contrário, acredita que a hidro-botânica nasceu nas profundezas da hidrobiologia e mais tarde evoluiu para uma secção independente de botânica, que tem o seu próprio tema, história, métodos e tarefas de investigação. K.A. Kokin (1982) é da opinião que a hidro-botânica é a ecologia das plantas aquáticas com base fisiológica. V.G. Papchenkov e co-autores (2003) atribuem a hidro-botânica como uma secção independente de biologia, considerando-a como "uma ciência de plantas aquáticas e processos de crescimento excessivo de massas de água e cursos de água", A.I. Kuzmichev (1992, 2000) acredita que a hidro-botânica representa um conglomerado de várias disciplinas e direcções pouco ligadas, unidas apenas por objecto de investigação - plantas aquáticas costeiras.

Existe também uma falta de consenso entre os investigadores sobre a terminologia do local do estudo. O número crescente de publicações levou ao aparecimento de novos termos e conceitos em relação à vegetação aquática, e muito frequentemente há discordância na sua interpretação, o que por vezes complica a sua utilização. A diversidade e ambiguidade na interpretação de termos e conceitos é um dos problemas agudos da hidro-botânica, que esta jovem ciência tem encontrado (I.M.Raspopov, 1978; V.G.Papchenkov, 1985; A.P.Belavskaya, 1994; A.V.Scherbakov, 1994; A.G.Lapirov, 2002).

Alguns autores (I.M.Raspopov, 1977, 1978, 1985) acreditam que as macrófitas aquáticas e os grupos por elas formados são objectos de investigação de hidro-botânica. Estas são grandes plantas verdes, visíveis à vista, independentemente da sua posição sistemática. A determinação da filiação do género (espécie) não requer a utilização de instrumentos ópticos com alta ampliação. Outros autores (A.P. Belavskaya, 1982) incluem os representantes das plantas inferiores - algas arlequínicas e aglomerados de algas verdes filamentosas *(Cladophora, Spirogyra, Rhizoclonium)* em macrófitas, *tendo em* mente a unidade da metodologia de investigação. O principal critério para tal associação é a capacidade de crescer e desenvolver-se normalmente na coluna de água e no solo (V.G. Papchenkov, 1985).

K.A. Kokin (1982) considera o termo "macrófitas" pouco bem sucedido, uma vez que inclui tanto plantas superiores como inferiores e, de facto, é uma característica dimensional das plantas. No entanto, este termo é amplamente utilizado em hidrobiologia, limnologia e hidrobotânica pela grande maioria dos especialistas nacionais e estrangeiros e, juntamente com outros conceitos e termos, tem o direito de existir.

Não há uma interpretação unificada do conceito "objecto de investigação - plantas aquáticas" na literatura. A.P. Belavskaya (1994) observa que "alguns investigadores incluem no conceito "plantas aquáticas" apenas plantas submersas e plantas com folhas flutuantes, outros incluem todas as espécies capazes de crescer sob inundações a longo prazo e mesmo com humidade excessiva, outros consideram principalmente o facto deste grupo habitar em ambiente aquático".

I.M.Raspopov (1963) inclui no conceito "plantas aquáticas" todas as plantas que crescem na água ou em solo coberto de água e, em regra, com uma estrutura adaptada à vida em ambiente aquático. Gessner (Gessner, 1955, 1959) considerou como "aquáticas" todas as espécies vegetais que habitam bacias de água doce, salobra, salgada e as suas zonas litorais, independentemente da sua posição sistemática. A.P. Belavskaya (1982) define as plantas aquáticas como anátomo-morfológicas e fisiologicamente adaptadas à vida na água, que é o habitat ideal para elas.

Há também uma interpretação mais simplificada desta noção: trata-se de plantas para as quais o ambiente aquático ou o solo coberto de água serve de habitat óptimo (V.P. Papchenkov, A.V. Shcherbakov, A.G. Lapirov, 2003).

As dificuldades relacionadas com a distinção rígida entre plantas aquáticas e terrestres e a presença de espécies que podem existir na água e em terra levaram a outro problema terminológico - a necessidade de distinguir noções como "plantas, ou flora aquática" e "plantas aquáticas, ou flora aquática". V.M. Katanskaya (1981) inclui na flora dos corpos de água "verdadeiras plantas aquáticas - hidrófitas, plantas anfíbias - helófitas, e aquelas plantas amantes da humidade - higrófitas, que vivem entre matas de helófitas na faixa costeira dos corpos de água, em jangadas, bancos húmidos e pantanosos de corpos de água ou na água". Na sua opinião, apenas hidrofitas, helófitas e higrófitas, que se desenvolvem na água, devem ser referidas à flora aquática.

V.G. Papchenkov (1985) observa que os conceitos de "plantas aquáticas" e "plantas do corpo de água" estão longe de ser equivalentes. Atribui apenas hidrofitas e helófitas à primeira e a todo o conjunto de espécies que ocorrem permanentemente em ambiente aquático à segunda. A.P.Belavskaya (1994) considera todas as espécies que habitam corpos de água, incluindo higrófitas e mesófitas, como plantas de corpos de água. Ela inclui plantas aquáticas com certas características morfológicas e biológicas desenvolvidas nelas durante a sua vida no ambiente aquático em grupos ecológicos. Assim, é óbvio que os investigadores colocam um significado bastante amplo nos conceitos de "flora do corpo de água" e "flora aquática".

Na literatura hidrobotânica, juntamente com os termos "plantas aquáticas" e "macrófitas", apareceram outros termos - "plantas aquáticas superiores", "plantas vasculares aquáticas", "plantas de floração aquática", "traqueófitas aquáticas", "aquaflora", etc. De uma forma ou de outra, todos estes termos unem as plantas, cuja existência está associada ao meio aquático.

Neste livro o autor utiliza o termo "plantas de água costeira" (Sadchikov, Kudryashov 2002, 2004, 2005), que inclui todas as plantas (excluindo árvores e arbustos) que estão relacionadas com os corpos de água e as suas características e vivem na coluna de água (algas, urula, rabo de gato) e na superfície da água (lírios de água, corydros, telrose), bem como plantas costeiras (caniço, rabo de gato, sedimentos, canas, etc.).

As plantas aquáticas costeiras ocupam uma posição separada no mundo vegetal devido às suas características morfológicas, biológicas e ecológicas. O habitat das plantas no meio aquático ou nas zonas costeiras contribuiu para o surgimento de características especiais da sua organização. Entre as plantas aquáticas existem relativamente poucas endémicas, o que se explica pelo nivelamento das condições físicas e químicas do ambiente aquático. São principalmente plantas rizomatosas com uma ampla amplitude ecológica. Podem crescer nas mais diversas condições: tanto em águas frescas como salinas, directamente em meio aquático e sob a forma de formas terrestres - em locais húmidos (S.G. Gigevich, B.P. Vlasov, G.V. Vynaev, 2001).

As plantas aquáticas costeiras são na sua maioria perenes; há poucas espécies anuais entre elas. A maioria das plantas aquáticas florescem e dão frutos sobre a água. As plantas aquáticas têm uma superfície corporal aumentada em relação à sua massa, o que facilita a absorção de minerais, oxigénio e outros gases, dos quais a água contém muito menos do que o ar. O aumento da superfície corporal é conseguido através do desenvolvimento de folhas longas e finas, divisão da placa da folha em secções filamentosas, piercing das folhas.

As plantas aquáticas desenvolveram fortemente a diversidade foliar: as folhas subaquáticas, flutuantes e aéreas na mesma planta diferem muito tanto na aparência como na estrutura interna. As folhas subaquáticas não têm estomas; as folhas flutuantes na superfície da água têm estomas apenas no seu lado superior, enquanto que as folhas aéreas têm estomas em ambos os lados.

A alta densidade do ambiente aquático resulta em elementos mecânicos pouco desenvolvidos nas folhas e caules; poucos elementos mecânicos disponíveis nos caules estão localizados mais perto do centro, o que lhes confere maior flexibilidade. As plantas aquáticas têm vasos pouco desenvolvidos ou ausentes nos feixes de condução e, ao mesmo tempo, aerênquima e cavidades de ar bem desenvolvidos, que lhes permitem estar de pé.

As plantas aquáticas têm um sistema radicular pouco desenvolvido, e os pêlos radiculares estão ausentes. Muito frequentemente formam-se raízes aquáticas, com as quais absorvem nutrientes directamente da água. Devido aos baixos níveis de luz na água, muitas plantas aquáticas têm clorofila nas suas células epidérmicas.

A maioria das plantas aquáticas reproduzem-se vegetativamente. Algumas plantas aquáticas (por exemplo, naiad, carrion) polinizam debaixo de água; outras têm flores que se elevam acima da água, onde ocorre a polinização. As sementes e frutos de plantas aquáticas adaptaram-se à secagem periódica dos corpos de água. As sementes podem permanecer na água o tempo suficiente sem perda de germinação.

A importância e o papel das plantas aquáticas costeiras nos ecossistemas aquáticos dificilmente podem ser sobrestimados. Antes de mais, é um recurso alimentar e habitat para muitos peixes, aves aquáticas e terrestres e animais. As plantas aquáticas costeiras são utilizadas como matéria-prima industrial, forragens para animais agrícolas e aves de capoeira. A diversidade de espécies de invertebrados na espessura de macrófitas é significativamente maior do que na parte aberta das massas de água, o número e a biomassa de organismos planctónicos e bentónicos é elevada. A vegetação costeira é um poderoso factor de purificação que protege os corpos de água de muitos poluentes orgânicos e minerais.

***

Desde tempos imemoriais, as plantas aquáticas têm atraído a atenção dos investigadores. Assim, Theophrastus Eresian (372-287 a.C.), discípulo e amigo de Aristóteles, subdividiu as plantas em aquáticas, costeiras, pantanosas e anfíbias de acordo com a sua aparência. No início do século X1X, o botânico-geógrafo dinamarquês J. Schouw (Schouw, 1823) utilizou pela primeira vez o termo hidrofitas para designar plantas que crescem no ambiente aquático. O ecologista dinamarquês J.E. Warming (1901) distinguiu quatro grupos de plantas com base na sua relação com a água: hidrófitas, xerófitas, halófitas e mesófitas.

C. Lampert (1900) dividiu as plantas em três grupos:
- plantas com folhas submersas em água;
• plantas com folhas flutuando na superfície da água;
• Plantas com uma parte dos seus rebentos na água e outra parte elevada
  sobre a água.

Actualmente, não existe uma classificação unificada da vegetação costeira-água na literatura científica e educacional e não existe um conceito geralmente aceite de flora costeira-água. A este respeito, daremos os conceitos básicos e designações que são mais frequentemente encontrados na literatura e utilizados por especialistas.

A maioria dos investigadores (I.D.Bogdanovskaya-Gienef, 1974; A.P.Shennikov, 1950; I.M.Raspopov, 1977) incluem a flora costeira-água na composição:

1. espécies que requerem um ambiente aquático durante todo o seu ciclo de vida (algas de lago, rabo de gato, etc.);
2. espécies que habitam a faixa costeira, inundada durante muito tempo e que têm

na sua estrutura sinais morfológicos de ligação com o ambiente aquático (Mannik aquático, silvas, etc.);

3. espécies que aparecem nas fases de inundação do corpo de água (cinquefoil, cinquefoil).

Vários especialistas (A.P.Nechaev, Z.I.Gapeka, 1970,   1974),   que conduziram estudos nos rios do Extremo Oriente, a flora das águas costeiras inclui um grupo de plantas que crescem dentro da faixa das margens rasas, o chamado grupo dos efémeros efémeros rasos.

Em termos morfológicos e ecológicos, a flora costeira-água é subdividida por muitos investigadores (N.Gams, 1918; Varming, 1923; G.I.Poplavskaya, 1948; B.A.Fedchenko, 1949) em três grupos principais:

1. plantas que se elevam acima da água, ou como também são chamadas plantas de ar-água;

2. plantas com folhas flutuantes (presas e a flutuar livremente) na superfície da água;

3. plantas que se encontram inteiramente na coluna de água (presas ou não ao solo).

As classificações mais utilizadas são as de G.I.Poplavskaya (1948) e A.P.Shennikov (1950). G.I.Poplavskaya distingue dois grupos de plantas aquáticas:

1) hidrofitas - plantas que estão imersas em água;

2) As hidatófitas são plantas que estão completamente ou na sua maioria submersas em água; por sua vez, subdividem-se em:

• As hidatófitas são reais;

• aerohydatophytes submersos;

• aerohydatophytes flutuantes.

Pelo contrário, A.P. Shennikov refere plantas submersas em água e plantas com folhas flutuantes e caules semelhantes a folhas ao grupo dos hidrofitos. Atribui plantas de ar-água a helófitos. Esta terminologia é utilizada por A.P. Belavskaya, T.N. Kutova (1966) e V.M. Katanskaya (1981). I.M. Raspopov (1971, 1985)   inclui   plantas aquáticas superiores como hidrofitas

Plantas herbáceas que são anatómica e morfologicamente adaptadas à vida num ambiente aquático em estado submerso, flutuando à superfície da água ou semi-submerso.

A classificação ecológica-fisiológica das plantas aquáticas costeiras por H .Gams (1918) com menor

(1927), que tem a seguinte forma:

1. Os lemnídeos são plantas não enraizadas, flutuantes e livres:

• Planktonic - flutuando na coluna de água (Ricciata, Vesicularis, Triodontidae);

- Neustonianos - com órgãos assimiladores espalhados na superfície da água (Salvinia, Pequena Lentilha-de-água, Agriões-de-água).

2. As plantas anexas são musgos de folhas de água e algas khara.

3. Plantas de enraizamento:

- isoetids - plantas com caules curtos e uma roseta de raízes de folhas submersas (lobelia de Dortmann, semishnickel);
- Wallisneridae - plantas com caules curtos e folhas longas (formas subaquáticas de araruta e blackhead, wallisneria);
- elodeides - plantas submersas com caules e folhas longas (elodea, urula, alga de lago, naiads);
- Ninfaea - plantas com folhas flutuantes na superfície da água, cuja superfície superior não é molhada pela água (ninfaea, monte, alga de lago flutuante);
- Lineídeas - plantas com órgãos assimiladores lineares acima da água (canas, cauda de gato, sedimentos, esturjões);
- folhagens - plantas com folhas largas acima da água (silva, canela, mosca branca);
- Os anfíbios são plantas que ocorrem com igual frequência em biótopos diferentes.

De acordo com a classificação de G.E.Pavlenko (1968), as plantas dependendo da sua adaptação às condições de vida na água são subdivididas nos seguintes grupos ecológicos:

- Costeira - plantas de bancos arenosos, pedregosos e lamacentos;
- Os anfíbios são plantas que se elevam acima da água;
- plantas aquáticas - plantas com folhas flutuando na superfície da água;
- plantas subaquáticas;
- plantas de flutuação livre.

Z.I.Gapeka (1974) classifica a vegetação costeira-água em grupos ecológicos:

- hidrogelophytes;
- heliohydrophytes;
- a efémera rasa;
- Ninféides;
- Potameidae;
- Lémnídeos de tábua;
- lémnídeos neuróticos;
- Elodeidae.

De acordo com esta classificação, podem existir espécies com uma ampla amplitude ecológica sob diferentes grupos ecológicos.

N.S.Kamyshev (1962, 1963) na sua classificação de águas costeiras

A vegetação provém de tipos ecológicos de plantas:

	Subtipos por	
Tipos	ligação à terra	relação com o nível da água
Hygrophytes	Linhas costeiras de enraizamento	Anfíbios
Hydatophytes	Água de enraizamento	Acima da cabeça. Inundado. Debaixo de água
	Flutuante	Flutuadores. Submarino Semi-submersível - flutuante

A.P. Nechaev e V.M. Sapaev (1973) basearam a sua classificação na profundidade de distribuição das plantas no corpo de água. Nele são distinguidos cinco grupos ecológicos:

1. plantas ripícolas sob a influência periódica de inundações e afloramentos;
2. plantas presas ao solo e em torre acima da água;
3. plantas flutuando na superfície da água com as suas raízes presas ao solo;
4. plantas completamente submersas na coluna de água;
5. plantas flutuando livremente na superfície e na coluna superior da água.

V.M. Katanskaya (1981) classifica as plantas aquáticas em grupos ecológicos, dependendo das características morfológicas e ecologobiológicas.

As hidrofitas são verdadeiras plantas aquáticas:

1. As plantas submersas são hidrofitas submersas:

• totalmente imerso na água (verdadeiramente aquática); cujo ciclo completo de desenvolvimento tem lugar na água;

• Totalmente submersa, não enraizada, flutuando na coluna de água (por exemplo, espécies de Cauda de Gato);

• enraizamento totalmente submerso (espécies de najads, meia-grama, etc.);

• submerso, mas com órgãos generativos arejados (quase submersos);

• submersa, não enraizada, flutuando na coluna de água (espécie vesícula);

• submersa, enraizada, com sistema radicular de diferentes espessuras, em algumas espécies que não se desenvolvem (alga de lago, urula, elodea, lobelia).

2. As plantas flutuantes na superfície da água são hidrofitas flutuantes:

• plantas não enraizadas flutuantes (batatas de semente, algas, salvinia, etc.);

• com folhas flutuantes, enraizamento (lírio de água, monte, alga de lago flutuante, flor de pântano, trigo sarraceno anfíbio).

As plantas não enraizadas submersas e flutuantes fixam-se ao substrato quando a parte inferior dos seus caules ou raízes aquáticas se encontram na espessura lamacenta solta do fundo do corpo de água.

Os Helophytes (hidrohygrophytes) são plantas de zonas húmidas:

• plantas acima da água com caules e folhas que sobem acima da superfície da água, plantas enraizadas (caniço, rabo de gato, junco, susak, mullein de cabeça preta, araruta, cardo, etc.). Todos eles desenvolvem e passam com sucesso o ciclo completo de desenvolvimento tanto na água como em margens húmidas de reservatórios.

A All-Union Conference on Higher Aquatic and Coastal Water Plants (I.M. Raspopov, 1977) propôs a seguinte classificação, incluindo três grupos principais:

1. *As hidatófitas* são plantas submersas, cujo ciclo de vida é todo debaixo de água. Os seus rebentos generativos podem elevar-se acima da superfície da água, enquanto a massa vegetal principal está localizada na coluna de água. Estas incluem espécies não enraizadas (vesícula, rabo de gato) e espécies enraizadas (alga de lago, elodea, rastelo, urticária).

2. *As neustofitas* são plantas com órgãos assimiladores flutuantes. A maioria dos rebentos e folhas vegetativas flutuam na superfície da água. Estas são espécies não enraizadas (salvinia, algas, corydis, polyrhiza) e espécies enraizadas (ninfaea, mexilhão, algas flutuantes, etc.).

3. *Helophytes* são plantas de água do ar que têm uma parte dos seus rebentos na água e outra parte acima da superfície da água. Várias espécies podem também crescer fora de água. É um grupo intermediário entre plantas aquáticas e terrestres.

V.G. Papchenkov (1985) inclui no conceito "hidrofitas de corpos de água" não só plantas herbáceas mas também plantas lenhosas que normalmente podem crescer e desenvolver-se em condições de água e solo coberto de água. O autor constrói a sua classificação com base nas características morfológicas e biológicas das plantas, tendo em conta as diferentes adaptações ao ambiente aquático:

Hidrófitas, ou verdadeiras plantas aquáticas:

• Grupo 1 - hidrófitas flutuando livremente na coluna de água (rabo de gato verde escuro, lentilha tricolor, telores aloevergreen, vesícula comum);

• grupo 2. - hidrofitas submersas e enraizadas (alga de lago, alga de lago cristalizada, elodea canadensis, spongebush, caulinia minor, etc.);

• Grupo 3 - hidrofitas de flutuação livre sobre a superfície da água (pequena alga-de-água, salvinia flutuante, wolfia sem raízes, agrião comum, castanha de água flutuante);

• grupo 4 - hidrofitas enraizadas com folhas flutuantes (mexilhão amarelo, lírio de água branco puro, alga de lago flutuante, trigo sarraceno anfíbio);

Os representantes deste tipo formam fitocenoses em profundidades de 0,5 a 2,5 m.

Helophytes, ou plantas de água do ar:

• grupo 5 - helophytes de capim alto, altura média dos rebentos 180-250 cm (cana comum, rabo de gato de folhas estreitas, cana de lago, mannik grande, etc.);

• grupo 6 - helófitos de relva baixa, altura média dos rebentos 60-100 cm (plátanos, araruta, suculento guarda-chuva, pinho de água, rabo de cavalo do rio, etc.);

• Grupo 7 - helófitos ao nível do solo com rebentos com menos de 10 cm de altura (Sitnjago needlewort, erva-d'água, montsia klucheva, etc.).

As comunidades com predominância de helófitos estão localizadas principalmente perto de margens até 1,0-1,2 m de profundidade. Os helófitos altamente herbáceos são os mais profundos. As plantas de baixa herbáceas de águas aéreas preferem profundidades até 0,5 m. Os helófitos terrestres ocupam margens costeiras com até 10 cm de profundidade.

Plantas aquáticas:

• Grupo 8 - higrohelophytes (pasto de vaca do pântano, sedge, escada de água, cinquefólio do pântano, águia venenosa, mennycane, falsa íris, gerouche anfíbio, buttercup lingual, etc.) As plantas deste grupo são típicas para níveis baixos da zona de inundação costeira, muitas vezes encontradas em baixios costeiros a uma profundidade de 20-40 cm; muitas delas são comuns para jangadas lacustres;

• Grupo 9 - herbáceas higrófitas (palha da floresta, sapateira, alguns sedimentos, etc.). Normalmente ocupam os níveis médios da zona de inundação costeira e ocorrem frequentemente em pequenos números na água perto de margens baixas, como parte de comunidades de helófitos de ervas altas;

• grupo 10 - higrófitas arbóreas (trichothecene salgueiro). Representado por salgueiros, que frequentemente emolduram as margens, crescendo frequentemente na água;

• Grupo   11-hygromesophytes (goose-foot, madre-óleo, veronica

folha longa, lodgepole, etc.). Ocupam níveis elevados de zona de inundação costeira e zona de respingo de massas de água. São raramente encontrados em ambientes aquáticos.

É conveniente apresentar outra classificação de plantas de águas costeiras (I.M.Raspopov, 1985):

As hidrofitas são verdadeiras plantas aquáticas que estão em constante crescimento na água:

• euhydrophytes, ou hidatófitas, plantas submersas - verdadeiras plantas aquáticas cujo ciclo de vida está debaixo de água ou em algumas delas apenas rebentos generativos são elevados acima da água ou flutuam à superfície da água, mas a massa vegetal principal está na coluna de água;

• Pleistoidófitas, ou pleistofitas, ninfasias, plantas flutuantes - plantas aquáticas com folhas e outros órgãos assimiladores a flutuar à superfície da água;

• Aeroidrófitas, ou hidroidrófitas, plantas de água do ar ou de zonas húmidas, frequentemente referidas como helófitas - plantas aquáticas com rebentos, algumas das quais se encontram no ambiente aquático e algumas delas são elevadas acima da superfície da água.

Os higrófitos são plantas terrestres de habitats húmidos, sobreaquecidos e periodicamente inundados:

• eugigrófitas - plantas semiaquáticas terrestres adaptadas à vida na faixa costeira das massas de água, típicas para níveis baixos e médios da zona de inundação costeira, frequentemente encontradas nos leitos de rios e riachos pouco profundos, em jangadas, margens costeiras húmidas a uma profundidade de até 20-40 cm;

• As higrohelophytes são plantas pantanosas terrestres adaptadas a viver em habitats fortemente sobreaquáticos e mesmo encharcados, mas têm frequentemente uma estrutura xeromórfica;

• Higromesófitas - plantas terrestres com amplitude ecológica bastante ampla em relação à humidade do ar, ocupando níveis elevados de zona de inundação costeira, cardumes húmidos ou molhados e zona de salpicos de corpos de água.

A classificação dada no trabalho de G.S.Gigevich, B.N.Vlasov, G.V.Vynaev (2001) é uma modificação da classificação de I.M.Raspopov (1985):

As hidrofitas são verdadeiras plantas aquáticas que vivem permanentemente na água:

• As eudrófitas, ou hidatófitas, plantas submersas são plantas verdadeiramente aquáticas, cujo ciclo de vida completo ocorre debaixo de água ou nas quais apenas os rebentos generativos são elevados acima da água, ou plantas que flutuam à superfície da água, mas a sua massa vegetal principal está na coluna de água:

- completamente submerso em água (verdadeiras plantas aquáticas);
- totalmente submersa, não enraizada, a flutuar livremente na coluna de água;
- completamente submerso na água, enraizando;
- submersos em água, mas com órgãos generativos arejados;
- com órgãos generativos aéreos, não enraizados;
- com órgãos generativos aéreos, enraizando.

• Pleistoidófitas, ou pleistofitas, ninfáceas, plantas flutuantes são plantas aquáticas com folhas e outros órgãos assimiladores a flutuar na superfície da água:

- não enraizado, flutuando livremente sobre a superfície da água;
- enraizados.

• Aerohidrofitas, ou hidrohidrofitas, plantas aquáticas, ou plantas de pântano, são plantas aquáticas com rebentos, algumas das quais se encontram num ambiente aquático e algumas delas são elevadas acima da superfície da água:

- de alto crescimento (rebentos de 100-250 cm de altura);
- de crescimento médio (altura de rebento 20-100 cm);
- de baixo crescimento (altura de rebento inferior a 20 cm).

Os higrófitos são plantas terrestres de habitats húmidos, sobre-húmidos e periodicamente inundados com elevada humidade do ar:

• eugigrófitas - plantas semiaquáticas terrestres adaptadas à vida na linha de costa de massas de água, típicas de níveis baixos a médios da zona de inundação, muitas vezes encontradas em planícies costeiras húmidas a profundidades até 40 cm:

- de alto crescimento (rebentos de 100-250 cm de altura);
- de crescimento médio (altura de rebento 20-100 cm);
- de baixo crescimento (altura de rebento inferior a 20 cm).

• As higroelófitas são plantas pantanosas terrestres adaptadas para viverem em habitats altamente encharcados e húmidos, mas têm frequentemente uma estrutura xeromórfica:

- de alto crescimento (rebentos de 100-250 cm de altura);
- de crescimento médio (altura de rebento 20-100 cm);
- de baixo crescimento (altura de rebento inferior a 20 cm).

O elevado polimorfismo das plantas de águas costeiras permite-lhes ocupar diferentes zonas ecológicas. A distribuição da vegetação na coluna de água é grandemente influenciada pela transparência da água, surf, configuração da costa, etc. Tal zonalidade da distribuição da vegetação costeira-água aplica-se principalmente às espécies que têm um sistema radicular. Plantas como a lentilha-de-água, Salvinia, Ricciia, Vodokras e outras pertencem ao grupo do Pleistoceno e podem distribuir-se livremente pela superfície do reservatório, além disso, com bastante frequência - longe da costa. A distribuição na coluna de água de plantas não enraizadas (tais como rabo de gato, lentilha tricolor, vesícula) depende largamente da transparência e excesso de água (K.A. Kokin, 1982).

Apesar da presença de padrões gerais de distribuição de plantas em massas de água, as comunidades dentro de cada massa de água têm as suas próprias características individuais - diferem em composição florística, abundância, área ocupada e distribuição sobre o território. O regime de temperatura e luz do corpo de água, os indicadores hidrológicos, hidroquímicos, morfométricos do corpo de água e outros factores desempenham um papel importante neste contexto. Determinam o tipo de condições favoráveis à existência de certas comunidades de vegetação de águas costeiras.

VEGETAÇÃO AQUÁTICA COSTEIRA E
TIPOLOGIA DE CORPOS DE ÁGUA

A classificação dos corpos de água de acordo com o seu estado trófico inclui a sua divisão em quatro grupos principais: oligotrófico, mesotrófico, eutrófico, e distrófico. Os fundamentos da classificação do estado trófico dos corpos de água foram lançados por Naumann e Thienemann (1925; Naumann, 1932), clássicos da limnologia moderna. Mostraram que o nível de produtividade biológica (troféu) está intimamente ligado a factores abióticos do ambiente, posição geográfica das massas de água e carácter de bacia hidrográfica. A classificação de Tinemann é definida como ecológica, uma vez que o tipo trófico se baseia na relação entre indicadores biológicos e factores abióticos (profundidade, cromaticidade, transparência do corpo de água, presença de oxigénio hipolimnion (fundo), pH, nutrientes, etc.). Em hidrobiologia, esta tipificação de massas de água é a mais difundida.

Estes termos foram utilizados pela primeira vez por S. Weber ao estudar a flora de turfeiras na Alemanha para caracterizar plantas que se desenvolvem em baixas, médias e altas concentrações de nutrientes. Mais tarde, em 1919, E. Naumann, estudando o fitoplâncton dos lagos suecos, aplicou-os para classificar os corpos de água individuais de acordo com o seu teor de fósforo, azoto e cálcio. Mais tarde, A. Tinemann, trabalhando em lagos na Alemanha, sugeriu que outros indicadores - teor de oxigénio na água, presença de organismos indicadores, quantidade total de fitoplâncton - deveriam também ser utilizados como critérios da sua troficidade (Winberg, 1960; Bouillon, 1983).

Inicialmente, estes autores identificaram dois tipos de lagos - oligotróficos e eutróficos, e depois - tipo distrófico. Mais tarde, foram distinguidos lagos com indicadores intermédios - mesotróficos. A tipificação desenvolvida para lagos é também aplicada a reservatórios (Abdin, 1949).

Foram propostos diferentes critérios como indicador do grau de troficidade: o teor de oxigénio dissolvido na coluna de água, elementos biogénicos, a presença de organismos indicadores, a quantidade de fitoplâncton, etc. No entanto, a produção primária deve ainda ser considerada o principal indicador (Winberg, 1960).

O desenvolvimento dos organismos nos corpos de água é determinado pelas condições ambientais: transparência da água, teor de elementos biogénicos (principalmente azoto e fósforo), concentração de oxigénio, regime de temperatura, valores de pH, etc. Portanto, pelo número e composição das espécies de organismos, intensidade dos processos produtivos e destrutivos é possível determinar o tipo de corpo de água (Winberg, 1960; Romanenko, 1985).

O desenvolvimento da vegetação aquática está intimamente relacionado com as características hidrológicas do reservatório, a dimensão e morfometria da bacia, a composição química da água, a natureza e distribuição dos sedimentos do fundo e uma série de outros factores. O grau de troficidade das massas de água fornece uma imagem completa das condições ecológicas dos organismos.

A vegetação aquática desenvolve-se principalmente no litoral e sublitoral, formando uma faixa contínua ou intermitente de largura variável ao longo da costa, em redor de ilhas e cardumes, raramente cobrindo todo o leito do lago. A profundidade de propagação das plantas aquáticas depende do valor da transparência da água, variando de 2 a 4 metros, e em casos raros - até 8 metros.

Os **corpos de água oligotróficos** contêm pequenas quantidades de nutrientes, caracterizam-se por grande profundidade, elevada transparência (segundo Secchi disk - até 4-20 m e mais), presença de oxigénio em toda a coluna de água durante todo o ano. Estas massas de água ocupam depressões tectónicas profundas e erosivas com zonas litorais fracamente expressas. Os sedimentos do fundo são pobres em matéria orgânica. Em lagos deste tipo, a vida vegetal aquática é limitada pela falta de compostos biogénicos e baixa temperatura da água, zona litoral insuficientemente desenvolvida.

O desenvolvimento do fitoplâncton é fraco. As cadeias tróficas dos prados predominam na lagoa, os microrganismos são escassos e as cadeias de decomposição da matéria orgânica por bactérias são mal expressas. Tais lagoas têm uma composição pobre de espécies de vegetação ribeirinha e aquática: o número total de espécies não ultrapassa muitas vezes uma dúzia. Prevalecem o musgo de água (fontinalis), musgo lacustre, cana comum e outros. A biomassa das plantas das águas costeiras é baixa.

O tipo oligotrófico de lagos inclui Baikal, Ladoga e Onega Lakes, Issyk-Kul, Kara-Kul, Turgoyak, Sevan, e muitos corpos de água em zonas montanhosas e em regiões do norte. Recentemente, muitas massas de água oligotróficas sofreram uma eutrofização intensiva, devido à qual a sua transparência está gradualmente a diminuir.

Os **corpos de água mesotróficos** caracterizam-se por um conjunto intermédio de características, entre oligotróficos e eutróficos. São mais numerosos em solos podzólicos de florestas e zonas de estepes; ao mesmo tempo, ocorrem em todas as zonas naturais-climáticas e geográficas. Em corpos de água mesotróficos predominam sedimentos cinzentos, argilosos ou de fundo arenoso com sedimentos detríticos. Em regra, trata-se de massas de água até 5 -30 m de profundidade e 1-4 m de transparência da água. Muito frequentemente observa-se uma deficiência de oxigénio nas próprias camadas inferiores da água, por vezes cobre toda a zona hipolimnion. O défice de oxigénio na coluna de água é o mais forte no Inverno.

Os lagos de tipo mesotrófico têm um crescimento médio de 35% (muitas vezes de 60%) em excesso. Na cobertura vegetal a percentagem de áreas ocupadas por vegetação semi-submersa (principalmente canas) é bastante elevada, a composição da flora é mais rica; o número de espécies aumenta até 40-60. Muito frequentemente predominam plantas submersas, representadas predominantemente por algas khark. Muitas vezes são encontradas grandes quantidades de algas, rabo de gato e telorese. A transparência relativamente elevada da água (até 4 m   ) contribui para uma ampla difusão da vegetação aquática, reacção ligeiramente alcalina do meio (pH 8), baixa salinidade (cerca de 180 mg/l) e a presença de sapropels carbonatados (contendo até 35% de matéria orgânica) na zona sublitoral.

À medida que a troficidade das massas de água aumenta, a composição das espécies da flora aquática enriquece. Elodea, algas de folhas largas, rabo de gato, e algas khara tornam-se dominantes nas comunidades vegetais. Os lagos mesotróficos (com vestígios de eutrofia) caracterizam-se por uma biomassa elevada de vegetação costeira e uma composição relativamente rica em espécies - até 60 espécies.

Os reservatórios mesotróficos incluem Rybinskoye, Ivankovskoye, Kuibyshev, Kievskoye, reservatórios Mozhaiskoye, lagos Plescheyevo, Glubokoye, Naroch e outros.

Os corpos de água caracterizados por alta produtividade biológica são chamados **eutróficos** (sinónimo de eutróficos). Na maioria das vezes são corpos de água pouco profundos com uma abundância de nutrientes da bacia hidrográfica. Encontram-se em terreno plano ou ligeiramente acidentado, na presença de rochas soltas. Sob um teor aumentado de nutrientes em epilimniões bem iluminadas e aquecidas dos corpos de água, observa-se um desenvolvimento intensivo de fitoplâncton. O seu rápido desenvolvimento nos meses de Verão leva frequentemente à "floração" do reservatório.

Os sedimentos do fundo são ricos em matéria orgânica e compostos biogénicos. A transparência em tais massas de água é baixa, ascendendo a 0,5-2 m. Observa-se um excesso de oxigénio dissolvido na camada superficial; uma zona livre de oxigénio aparece no hipolímnio a partir da segunda metade do Verão. No Inverno, especialmente em massas de água pouco profundas, observam-se muito frequentemente fenómenos de congelação. Cadeias detríticas e redutoras tornam-se cada vez mais importantes nos corpos de água. Tornam-se os únicos em condições de carência de oxigénio e abundância de matéria orgânica morta.

Um aumento gradual da profundidade e um litoral bem definido criam condições favoráveis ao desenvolvimento da vegetação costeira-água, com todos os grupos ecológicos de plantas - emergentes, inundadas e submersas - a predominar no corpo de água.

Em corpos de água ligeiramente eutróficos, relativamente profundos, com ocos em forma de funil, as plantas semi-submersas (junco, rabo de gato, junco) desenvolvem-se predominantemente. A baixa transparência (cerca de 2 m) restringe o desenvolvimento de plantas subaquáticas. Tais lagos são sobrecobertos em média por

20%.

O grau de sobrecrescimento de massas de água ligeiramente eutróficas com profundidade até 4 m e presença de água pouco profunda é de cerca de 35%. É determinado pela morfometria da bacia, a quota de águas pouco profundas na área total do corpo de água e a sua profundidade média. Juntamente com as plantas semi-submergidas, as plantas submersas obtêm um desenvolvimento considerável nelas. Em tais corpos de água, cana, rabo de gato, junco, elodea, rabo de gato, algas, etc. dominam mais frequentemente.

As condições límnicas dos lagos pouco profundos de alto-trofismo são as mais favoráveis ao crescimento da vegetação costeira, o que se reflecte num significativo crescimento excessivo destes lagos (até 40-100%) com biomassa arbustiva elevada (em média 350 g/m2).

Entre este grupo de massas de água, os lagos rasos e límpidos são os mais super desenvolvidos. Estão quase 100% sobrecobertos. As macrófitas submersas (principalmente as lagoas) dominam nestes lagos.

Em lagos hipertróficos, o fraco desenvolvimento da vegetação subaquática depende principalmente da baixa transparência e da biomassa elevada de fitoplâncton, um concorrente dos nutrientes.

Grandes massas de água eutróficas incluem os lagos Ilmen, Chudskoe, Nero, Chany, Myastro, Reservatório Tsimlyanskoye, etc.

Nas zonas norte de tundra florestal e zona florestal existem lagos, cujas margens são compostas por musgos de turfa, a água é ligeiramente mineralizada e rica em substâncias húmicas. Devido a este facto, a água é frequentemente de cor escura. A transparência da água em tais lagos não excede 2-4 m, o pH varia de 4 a 6, há muito poucos carbonatos. Os lagos são ricos em matéria orgânica, mas os processos de destruição ocorrem neles de forma muito fraca. Isto deve-se ao facto de o húmus aquático ser constituído por ácidos húmicos de difícil mineralização e constituir a massa principal de DOM nos corpos de água. Os sedimentos do fundo são frequentemente representados por turfeiras, areias ou solos empobrecidos do tipo podzol.

Observa-se neles um baixo desenvolvimento do fitoplâncton. A matéria orgânica dissolvida é de 90-98% e apenas 2-10% está presente sob a forma de organismos vivos e detritos. Tais massas de água são chamadas **distróficas.**

Estes lagos distinguem-se por uma grande dispersão de vegetação ribeirinha sobrecrescida e ausência quase completa de verdadeiros hidrofitos. Entre os lagos distróficos, os corpos de água com um amplo espectro de crescimento excessivo pela vegetação ribeirinha - desde o fraco - até ao quase total crescimento excessivo estão disseminados. A reacção ácida do ambiente (pH 4-7) e a baixa salinidade (15-150 mg/l) são os principais factores que formam a composição das espécies de macrófitas.

Em massas de água distróficas a composição das espécies de plantas é extremamente pobre, 5-10 espécies, sendo os musgos dominantes (Gigevich, Vlasov, Vynaev, 2001). Em massas de água de diferente troficidade, a taxa de rotação de matéria orgânica é diferente. Nos corpos de água oligotróficos, os organismos mortos são principalmente mineralizados na coluna de água, o que torna os sedimentos do fundo extremamente pobres em matéria orgânica. Em águas eutróficas, apesar da elevada taxa de mineralização, os sedimentos do fundo são constantemente reabastecidos com matéria orgânica. Em corpos de água distróficos, a matéria orgânica decompõe-se muito lentamente; é principalmente preservada em sedimentos de fundo.

As fronteiras entre tipos individuais de massas de água são, até certo ponto, condicionais, uma vez que foi encontrada uma enorme variedade de formas transitórias, que são bastante difíceis de classificar de acordo com alguns indicadores. Mesmo dentro de um mesmo corpo de água é possível observar sinais de diferentes tipos de corpos de água. Portanto, o conceito de "oligotrofia" e "eutrofia" faz sentido não como base de classificação, mas como conceitos gerais que caracterizam um corpo de água em termos de riqueza de vida, condições ecológicas de existência dos organismos e especificidade dos indicadores físicos e químicos das águas (Gorlenko, Dubinina, Kuznetsov, 1977).

A vegetação aquática superior cresce nas margens de todos os tipos de massas de água, tanto oligotróficas, eutróficas e distróficas. No entanto, o mais favorável ao desenvolvimento da vegetação é o tipo eutrófico de corpos de água com pronunciada litoralidade, fundo lamacento, alta transparência, presença na coluna de água e sedimentos do fundo de quantidade suficiente de elementos biogénicos (Kokin, 1982; Raspopov, 1985). Em condições ecologicamente óptimas de massas de água eutróficas, a comunidade de vegetação aquática costeira atinge a maior diversidade e biomassa elevada, que nunca é observada noutras massas de água ou biótopos perturbados em termos de troficidade.

VALOR INDICADOR DAS PLANTAS AQUÁTICAS COSTEIRAS

Os especialistas tentam constantemente classificar as massas de água com base na intensidade do desenvolvimento da vegetação costeira e aquática com a identificação das espécies mais características para um determinado tipo de água. No entanto, verificou-se que uma parte significativa das plantas aquáticas tem uma tolerância elevada, o que por vezes torna difícil a sua utilização como espécie indicadora. No entanto, em qualquer caso, tais obras estão disponíveis, cujos resultados são apresentados a seguir.

A maioria das obras é dedicada à investigação da relação entre os indicadores hidroquímicos da água (dureza total, alcalinidade, ácido carbónico, bicarbonatos, valores de pH, etc.) e a distribuição da vegetação aquática, que é apresentada sob a forma de esquema geral nas obras (Pietsch, 1972; Alekin, 1970).

Espécies como a *marina de Zostera, Z. nana, Z. minor, Ruppia maritima, R. spiralis, e, em* menor grau, *Nayas marina, Potamogeton pectinalis, Bulboschoenus maritimus,* são características da classe da água clorada. Habitam mares costeiros e lagos com salinidade até 8 %o e mais. Ppm (*%o* sinal*)* é a quantidade de sal em 1 litro de água.

Além disso, é conhecido um grupo de espécies de plantas aquáticas costeiras que podem ser consideradas como indicadores do estado particular e da troficidade do ambiente aquático.

A presença de *Isoetes lacustris, I. echinospora,* Lobelia dortmanna, *Myriophyllum alterniflorum* nos corpos de água indica águas limpas e oligotróficas.

O desenvolvimento maciço de caddisflies indica mal-estar no ecossistema. A abundância de *Lemna trisulca* indica grandes quantidades de nutrientes no ambiente, o desenvolvimento de *L.* minor e *Spirodela* polyrhiza, além da eutrofização, indica poluição agrícola das águas. A Poly-root pode desenvolver-se em escoamento concentrado de complexos pecuários. O desenvolvimento local intensivo da relva do sofá indica os locais onde os nutrientes entram nos corpos de água.

A presença de impacto antropogénico nos ecossistemas aquáticos é evidenciada pelo exuberante desenvolvimento de estrelolista comum (*Sagittaria sagittifolia*), plantain bunting (*Alisma plantago-aquatica*), elodea *canadense (Elodea canadensis),* aloides *(Stratiotes aloides),* rabo de gato submerso *(Ceratophyllum demersum)* e spicatum urula *(Myriophyllum spicatum).*

Ao indicar a troficidade aquática por espécie vegetal individual, podem ser utilizados sinais de estado de vida vegetal (desenvolvimento normal, acima ou abaixo do normal) e o aspecto geral das plantas. Um desenvolvimento excessivo ou um estado oprimido das plantas indica a necessidade de prestar atenção ao estado de qualidade da água.

As comunidades vegetais têm maiores capacidades indicadoras (do que as espécies vegetais individuais), uma vez que são capazes de reflectir quaisquer alterações, mesmo insignificantes, nas condições ambientais (Vinogradov, 1964), devido à dimensão dos seus habitats.

A análise do desenvolvimento da vegetação aquática em massas de água sujeitas a diferentes graus de eutrofização sugere as seguintes conclusões (Gigevich, Vlasov e Vynaev, 2001):

1. A vegetação submersa caracteriza bastante o estado dos corpos de água e as mudanças que neles ocorrem;

2. A biomassa hidrofita e o índice de saprobidade, calculados a partir do peso indicador das plantas submersas, podem servir como indicadores da qualidade da água e do grau de eutrofização dos corpos de água.

3. A eutrofização antropogénica das massas de água leva à reestruturação estrutural da comunidade hidrófita; como resultado, a composição das espécies do complexo dominante muda, as espécies indicadoras aparecem ou desaparecem; à medida que a troficidade da massa de água aumenta, as espécies oligossaprobias dão lugar às mesosaprobias, que, por sua vez, são substituídas *por* espécies *a-mesosaprobias*.

4. A vegetação aquática costeira é mais conservadora do que as comunidades fito, zooplâncton e bentos, pelo que a composição das espécies de macrófitas, a sua biomassa e cobertura projectiva podem ser indicadores de alterações da qualidade da água.

Assim, a composição das espécies da vegetação costeira-água permite caracterizar com suficiente precisão o estado ecológico do ecossistema. Actualmente, a técnica de indicação da água por indicadores biológicos é amplamente utilizada na prática da investigação hidrobiológica. São utilizados organismos indicadores e métodos especiais para a análise da qualidade da água, entre os quais o mais popular é o sistema Kolkwitz-Mersson (A.V.Makrushin, 1974 ab).

As plantas aquáticas superiores como indicadores de alterações na qualidade da água juntamente com outros organismos são amplamente utilizadas em análises biológicas e estudos sanitários e hidrobiológicos. No entanto, deve ter-se em conta que as plantas têm uma amplitude geográfica e ecológica bastante ampla, e em diferentes condições físicas e geográficas a mesma espécie pode ocorrer em massas de água de nível trófico diferente e pode ter um valor indicador diferente. Por conseguinte, uma observação ad hoc da presença ou ausência de uma espécie não pode ser utilizada para avaliar a qualidade ambiental. Além disso, para uma determinada região geográfica ou grupo de massas de água, é necessário seleccionar espécies que exibam propriedades indicadoras em condições específicas. A dificuldade em identificar espécies indicadoras em plantas aquáticas deve-se também ao conhecimento muito fraco da ecologia e fisiologia da maioria destas espécies (Manual sobre Métodos de Análise Hidrobiológica de Águas Superficiais..., 1992).

Os "Métodos Uniformes de Investigação da Qualidade da Água". (1977) são dadas listas de organismos saprobianos, onde as plantas aquáticas são distribuídas em cinco classes de saprobabilidade para águas doces com indicação do grau de *saprobabilidade - s,* índice saprobiano - S e valor indicador das espécies - *I* (Quadro 1).

Como se pode ver no Quadro 1, as plantas aquáticas superiores desenvolvem-se principalmente em zonas oligosaprobicas e ^-mesosaprobicas. Os xenobióticos são apenas alguns musgos e fetos aquáticos com valor indicador suficientemente elevado (3-5).

Assim, muitas espécies de plantas aquáticas podem ser utilizadas para determinar a saprobabilidade das águas. Oligo-5-mesosaprobáceas Fontinalis, 0-mesosaprobáceas são Elodea canadensis, lentilha-de-água, lentilha-de-água flutuante e crista, montículo amarelo, rabo de gato submerso, ranúnculo de água. A alga de lago também indica *a-mesosaprofita*.

A reorganização estrutural das comunidades hidrofitas e a avaliação quantitativa das alterações na qualidade da água reflecte-se no índice de saprobidade *S*. Este índice calculado para a vegetação submersa concorda bem com os indicadores dos corpos de água. A vegetação submersa caracteriza suficientemente o estado geral das massas de água e as alterações das suas condições ecológicas.

Quadro 1

Plantas aquáticas superiores no sistema saprobic
(Sladecek, 1963; Kokin, 1982)

Ver	Zona							
	s	x	o	ß	a	p	I	S
Marchantia polymorpha	0	1	8	1	-	-	4	1,0
Riccia glausa	0	-	7	3	-	-	4	1,3
Fluitanos de Riccia	0	-	7	3	-	-	4	1,3
Ricciocarpus natans	0	-	8	2	-	-	4	1,2
Marsupella aquatica	x - 0	5	5	-	-	-	3	0,5
Marsupella sphacellata	x - 0	5	5	-	-	-	3	0,5
Drepanocladus aduncus	0 - ß	-	6	4	-	-	3	1,4
Fontinalis antipirética	0 - ß	1	5	4	-	-	2	1,35
Cinclidotus aquaticus	0	1	7	2	-	-	3	1,35
Sphagnum sp.	0	-	10	-	-	-	5	1,0
Hydrohypnum ochraceum	x - 0	5	5	-	-	-	3	0,5
Amblystegium riparium	0 - ß	-	5	4	1	-	2	1,65
Salvinia natans	0	-	9	1	-	-	5	1,1
Equisetum fluviale	0	2	8	-	-	-	4	0,8
Isoetes lacustris	x	9	1	-	-	-	5	0,1
Isoetes echinospora	x - 0	5	5	-	-	-	4	0,3
Myriophyllum spicatum	ß	-	2	8	-	-	4	1,8
Ceratophyllum demersum	ß	-	1	9	-	-	5	1,9
Potamogeton dramineus	ß	-	3	7	-	-	4	1,7
Potamogeton lucens	ß - 0	-	6	4	-	-	3	1,4
Potamogeton crispus	ß	-	2	8	-	-	4	1,8
Potamogeton perfoliatus	ß	-	3	7	-	-	4	1,7
Nuphar luteum	ß - 0	-	5	5	-	-	3	1,7
Nymphaea alba	ß - 0	-	7	3	-	-	3	1,4
Utricularia vulgaris	ß	-	2	8	-	-	4	1,8
Spirodela polyrrhiza	ß	-	1	8	1	-	4	2,0
Elodea canadensis	ß	-	2	7	1	-	3	1,85
Lemna gibba	ß	-	1	8	1	-	4	2,0
Lemna minor	ß	-	1	6	3	-	3	2,25
Lemna trisulca	0 - ß	-	5	5	-	-	3	1,80
Polygonum amphibium	ß	-	3	6	1	-	3	1,75
Hydrocharis morsus ranae	0 - ß	-	5	5	-	-	3	1,5

Sagittaria sagittifolia	0 - 6	-	6	4	-	-		3	1,4

As observações da dinâmica do desenvolvimento de plantas aquáticas em massas de água da Bielorrússia permitiram a G.S. Gigevich, B.P. Vlasov e G.V. Vynaev (2001) estabelecer um significado indicador ligeiramente diferente de hidrofitas (Quadro 2) em comparação com as espécies indicadoras apresentadas acima.

Quadro 2 Significado dos indicadores das principais espécies de hidrofitas em massas de água da Bielorrússia (Gigevich, Vlasov, Vynaev, 2001)

	Indicadores			
Nome da espécie	Poluição orgânica	Acidificação	Eutrofização (nitrogénio, fósforo)	Poluição por metais pesados
Calamus comum	+		+	
Plátano			+	+
Folha dura de mosto de seda	+			
Rhdestus brilhante				+
Rodapé encaracolado	+		+	
Cavalo escuro verde	+	+		+
Carruagem subaquática	+	+		+
Erva de agulha	+			
Pântano de Sitnjag	+			
Elodea canadensis	+			+
Cavalinha do rio	+	+		
Flutuador Mannik				+
Grande Mannik (água)	+			+
Rodapé encaracolado	+		+	
Vieiras Stukenia	+		+	+
Agriões de água comuns			+	+
Maçarico-de-arenito de	+	+		
Relva de caranguejo corcunda	+		+	
Peixe-gato pequeno	+		+	
Tricúspide com três barbas			+	+
Vassoura de espigão	+			+
Mexilhão de cuco	+			

Lagos com vegetação submersa desenvolvida (principalmente elodea, algas, rabo de gato, urticária, etc.) são caracterizados pela maior resistência ao aumento da carga antropogénica. Os lagos deste grupo têm a composição mais rica e ao mesmo tempo homogénea de hidrofitas (índice de semelhança de espécies de Jaccard 50-75%). O índice de saprobidade é de 1,6-1,8.

Os corpos de água com predominância de algas kharovye na cobertura vegetal são menos resistentes ao aumento da carga antropogénica. Estes são, em regra, lagos ligeiramente salinos com sinais de oligotrofia (índice de saprobidade 1,5-1,6; coeficiente de similaridade de espécies 25-50%).

Lagos pouco salinos com dominância de espécies oligo-saprobicas (musgos lacustres, musgos aquáticos) caracterizam-se pela pobreza e especificidade da composição das espécies vegetais (o índice de saprobicidade é baixo - 1,2, e o coeficiente de semelhança de espécies até 25%).

Com a crescente carga de nutrientes (concentração média anual de fósforo total dentro de 0,05-0,15 mg P/l) o fitoplâncton é capaz de competir com os hidrofitos submersos e provoca a "floração" da água. Isto leva a uma diminuição da transparência e, como resultado, ao desaparecimento de certas espécies vegetais e a uma redução da área de crescimento excessivo. O peso específico da vegetação submersa diminui para 20-40% da massa de hidrofito. O índice de saprobicidade aumenta para 1,8-2,0 devido ao desaparecimento das espécies ^-mesosaprobic (rabo de gato, urticária, elodea, alga de folha larga) e emergência de espécies a-mesosapicrobianas (Stupa crested, alga de lago enrolada, etc.). Tais lagos são dominados por vegetação de água do ar e plantas com folhas flutuantes.

Nos lagos sujeitos a eutrofização antropogénica, a vegetação submersa está quase completamente ausente. A concentração média de fósforo total neles excede 0,15 mg P/l, o que leva ao desenvolvimento intensivo do fitoplâncton. O índice de saprobidade calculado a partir de hidrofitas é 2,0-2,3 (Gigevich, Vlasov, Vynaev, 2001).

A DAS COMUNIDADES DE VEGETAÇÃO COSTEIRA E AQUÁTICA

A vegetação aquática está intimamente relacionada com as características hidrológicas do reservatório, a dimensão e morfometria da bacia, a composição química da água, a natureza e distribuição dos sedimentos do fundo e uma série de outros factores.

A vegetação aquática desenvolve-se principalmente na zona costeira, formando uma faixa contínua ou intermitente ao longo da costa de largura variável, em torno de ilhas e cardumes, e menos frequentemente cobre todo o leito do reservatório. A profundidade de propagação das plantas aquáticas depende da transparência da água, variando de 2 a 4 metros, em casos raros - até 8 metros.

De acordo com as condições de cultivo, os especialistas distinguem quatro grupos de formações vegetais:
- Costeira e aquática, que apresenta plantas de zonas húmidas;
- ar-água (as plantas semi-submersas estão representadas);
- plantas com folhas flutuando na superfície da água;
- plantas submersas.

Cada grupo de formações está localizado em habitats e profundidades específicas e forma bandas bem definidas paralelas à costa. Nem sempre é possível detectar e definir com precisão os limites das bandas de macrófitas, devido à sua mistura parcial ou ausência. As regularidades da distribuição da cintura dos grupos de macrófitas são mais claramente demonstradas em lagos pouco profundos de forma simples da estrutura da bacia. Em lagos com elevada transparência de água, o cinturão de plantas submersas tem a maior distribuição. As massas de água rasas, eutróficas e distróficas, caracterizam-se por um contínuo crescimento excessivo com predominância de plantas acima da água.

As comunidades de plantas aquáticas costeiras, tal como outros grupos de organismos, estão sujeitas a mudanças direccionais chamadas *sucessão*. Na faixa central da Rússia, são características as mudanças sazonais abruptas nas condições meteorológicas e hidrológicas que perturbam o desenvolvimento dinâmico das comunidades, resultando na dinâmica sazonal do seu desenvolvimento.

A sucessão (do latim *successio* - sucessão, herança) é um processo natural dirigido de mudança comunitária como resultado da interacção entre os organismos e o ambiente abiótico. Ao mesmo tempo, algumas comunidades são sucessivamente substituídas por outras. Na ausência de factores externos, a sucessão é um processo dirigido e, portanto, previsível. O termo "sucessão" foi proposto por F. Clements (1916).

Distinguem-se dois tipos de sucessão:
- autógeno - as mudanças são predominantemente determinadas por

interacções, ou seja, a causa da sucessão está na própria comunidade (por exemplo, acumulação de turfa devido à vegetação, resultando num corpo de água que gradualmente se transforma num pântano);

- alogénico - a sucessão é observada quando o ambiente muda devido a causas externas (por exemplo, abaixamento do lençol freático). A sucessão inclui todos os turnos, começando com a colonização de uma área desnudada

A formação de pântanos, por exemplo, através da inundação de florestas ou do crescimento excessivo de corpos de água, é um exemplo. Exemplos incluem a formação de pântanos quando as florestas se tornam alagadas ou quando os corpos de água se tornam excessivamente crescidos.

O desenvolvimento do ecossistema, chamado sucessão ecológica, é determinado pelos seguintes parâmetros (Y. Odum, 1975):

• A sucessão é um processo ordenado de desenvolvimento comunitário associado a mudanças na estrutura das espécies e processos comunitários ao longo do tempo;

• A sucessão ocorre como resultado de mudanças no ambiente físico impulsionadas pela comunidade, uma vez que a sucessão é controlada pela comunidade; embora o ambiente físico determine a natureza e a velocidade da sucessão, muitas vezes estabelece limites sobre até onde o desenvolvimento pode ir;

• O ponto culminante do desenvolvimento é um ecossistema estabilizado com biomassa máxima e relações simbióticas máximas entre organismos por unidade de fluxo de energia disponível.

Assim, os factores físicos determinam a natureza da sucessão e, ao mesmo tempo, não são a causa da mesma. A condição mais importante para a sucessão é a manutenção do desequilíbrio entre o ambiente e a actividade dos organismos que compõem a comunidade.

A sucessão é possibilitada pelo fluxo de energia através de um ecossistema. A substituição de espécies em sucessão é causada por populações que procuram modificar o seu ambiente para criar condições favoráveis a outras populações. Isto continua até se alcançar um equilíbrio entre os componentes biótico e abiótico do sistema. As comunidades em transição são chamadas fases de desenvolvimento e um sistema estabilizado é chamado de clímax.

Assim, a "estratégia" de sucessão numa comunidade é fundamentalmente semelhante à "estratégia" do desenvolvimento evolutivo a longo prazo da biosfera: aumentar o controlo sobre o ambiente físico no sentido em que o sistema atinge 34

34

máxima protecção contra alterações abruptas no ambiente. Além disso, o desenvolvimento de um ecossistema é largamente semelhante ao de um organismo individual (J. Odum, 1975).

O grau e a velocidade de crescimento excessivo de massas de água de diferentes níveis tróficos são determinados pelos seguintes indicadores (G.S.Gigevich, B.P.Vlasov, G.V.Vynaev, 2001):

• massas de água de tipo eutrófico - antes de mais pela sua morfometria;
• corpos hídricos mesotróficos com sinais de oligotrofia e distrofia - características hidroquímicas das águas;
• corpos de água mesotróficos - por agregado das suas características morfométricas e hidroquímicas;
• Corpos de água pouco mineralizados - através da combinação de indicadores morfométricos, composição do sedimento inferior e desenvolvimento fitoplâncton.

A dependência observada da intensidade do desenvolvimento da vegetação costeira-água em relação às características límbicas dos corpos de água dá motivos para acreditar que o grau de desenvolvimento da vegetação aquática e a sua composição de espécies é um indicador do estado do ecossistema.

A vegetação aquática costeira sofre uma sucessão primária autotrófica durante o seu desenvolvimento (Fig. 1). Neste caso, as comunidades vegetais estão dispostas em cintos em forma de anel ao longo do perímetro de um corpo de água, correspondendo cada cinto a uma certa profundidade, dependendo da transparência da água.

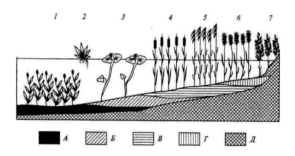

Figura 1. Sobrecrescimento de corpos de água com bancos suavemente inclinados: A - sapropel; B - turfa de sapropel; C - junco e turfa de cauda de gato; D - turfa de sedimento; E - solo mineral; 1 - alga de lago; 2 - rabo de gato; 3 - lírio de água branca; 4 - rabo de gato; 5 - junco; 6 - sedimento; 7 - erva de junco.

No anel exterior, nas águas pouco profundas que secam periodicamente, há espessuras de grandes sedimentos, Sitnjag e várias gramíneas de pântanos como o silvado, a carne de carruagem, a araruta, o junco de araruta, o junco do lago e outros. Aqui forma-se a turfa de sedge ou mistura de grama.

Até uma profundidade de 3 m existe uma cintura de espessuras altas de cana, junco, cavalinha e outras. Aqui deposita-se turfa de junco, junco ou rabo de cavalo.

Até uma profundidade de 5 m existe uma zona de plantas submersas com folhas flutuando à superfície da água - lírios de água, mexilhões, castanha de água, e ainda mais fundo - alga de lago flutuante. Aqui, forma-se a turfa de sapropel, uma turfa escura com restos de rizomas e outras grandes partes vegetais.

Segue-se uma faixa de plantas submersas que enchem toda a coluna de água com os seus caules e folhas. Esta é a zona de habitat da urtica, do rabo de gato e da alga-de-pescoço-larga. A seguir é a cintura de prados submarinos de plantas que não atingem a superfície da água - algas (Hara, nitella) e algumas algas de lagoas de folhas estreitas. Finalmente, a última faixa é a zona de habitat das algas bentónicas microscópicas - azul-verde, algas verdes, e diatomáceas. Em todos estes últimos cintos o sapropel real (por outras palavras - gittia) já está depositado.

À medida que o sapropel, a turfa e a turfa se acumulam, o nível do fundo sobe e a faixa de vegetação avança mais profundamente para o lago. A faixa de plantas submersas avança para a parte central do lago, e o seu lugar é ocupado pelas faixas anteriores. Após um certo tempo, as janelas de água aberta são preservadas apenas no centro do reservatório, e depois é também excessivamente crescido. Assim, o lago transforma-se finalmente num pântano. A fase inicial de formação de tal pântano é a vegetação de sedge com canas no seu meio.

Sem dúvida, o processo de inundação do corpo de água leva bastante tempo. Contudo, sob eutrofização dos corpos de água (influxo de compostos biogénicos e substâncias orgânicas) a sua taxa aumenta acentuadamente, e o crescimento excessivo dos corpos de água prossegue literalmente diante dos nossos olhos.

Esta forma de sobrecrescimento é típica das zonas florestais e estepárias. Nas massas de água da tundra, as plantas de águas costeiras desenvolvem-se mal devido à baixa temperatura, mas na zona florestal, apenas as massas de água rasas e à prova de ondas crescem excessivamente pelo método acima descrito. Em qualquer caso, a condição necessária para um crescimento intensivo excessivo dos corpos de água é a sua superficialidade. Em massas de água grandes e profundas, os matagais (ou jangadas) costeiros, tendo ocupado uma área perto da costa, praticamente não se deslocam mais.

Os processos de sobrecrescimento são observados em toda a parte em reservatórios (embora tenham carácter local), nos quais há vastas águas pouco profundas e descida periódica do nível da água (A.A. Nitsenko, 1967, 1972).

Os corpos de água podem também crescer em excesso devido à formação de jangadas (o chamado zybun), quando uma camada de musgos e plantas vasculares flutua desde a costa até ao meio do corpo de água ao longo da superfície da água (Figura 2). As esplavinas estão normalmente associadas à costa. Só se podem formar em pequenas massas de água a um nível de água constante, ausência de vento, ondas e gaseamento do fundo, pois tudo isto destrói a jangada em crescimento (A.A. Nitsenko, 1967).

As derivações acima da água emergem primeiro perto da costa, e depois avançam mais para dentro do lago, aumentando gradualmente de espessura. Os restos vegetais mortos caem para o fundo, formando um sedimento de turfa.

Os pioneiros do crescimento excessivo são o cinquefolho, a flor branca e a erva de algodão, distinguidos pelos seus rizomas longos e fortes. Em águas muito calmas, também surgem feltros de esfagno. Algumas plantas costeiras podem desenvolver rizomas flutuantes fortes e longos na água, que formam uma rede na superfície da água. As células desta peculiar rede estão cheias de folhas caídas e partes mortas de plantas (trapos, folhas caídas). Outras plantas (sedimentos, musgos, etc.) fixam-se neste substrato, contribuindo para a formação e desenvolvimento das jangadas.

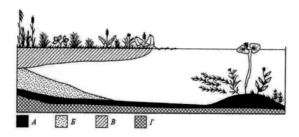

Figura 2. Sobrecrescimento de um corpo de água através da acumulação de água: A - sapropel; B - lodo de turfa; C - turfa fundida; D - solo mineral.

O vento e as ondas tendem a interferir com a formação de jangadas, tanto acima da água como em mar aberto. Portanto, o sobrecrescimento do corpo de água começa na costa a sotavento abrigada. Esta lei chamava-se lei de Klinge (A.A. Nitsenko, 1967).

Por vezes, o crescimento excessivo dos corpos de água não ocorre a partir da costa, mas a uma distância considerável da mesma, e deve-se à superfície de sedimentos ou turfa. Tais fenómenos são observados em pequenos lagos pantanosos, onde camadas enterradas de sedimentos de turfa flutuam como resultado de gaseamento intensivo, ou em reservatórios onde a relva ou turfa de pântanos inundados flutua para cima. O repavimentação especialmente generalizada tem lugar em leitos de lago submersos pantanosos, esfagno e turfa de sedimento. Muito raramente as áreas de ressurgimento são cobertas com povoamentos de plantas de raízes profundas (A.A. Nitsenko, 1967, 1972). O material de turfa revestido é rapidamente preenchido com trapos vegetais e colonizado por várias plantas. Este processo é semelhante à formação de feltros de nadil acima do solo e à superfície.

FERRAMENTAS PARA A RECOLHA E INVENTÁRIO DA COSTA E DO MEIO AQUÁTICO VEGETAÇÃO

As plantas submersas na água ou flutuantes na sua superfície podem ser recuperadas da costa ou barco com ferramentas especiais. Um ancinho de água com seis dentes (Fig. 3) é utilizado para uma colheita de qualidade. Os dentes têm cerca de 15 cm de comprimento e estão dobrados em cerca de um terço do seu comprimento. O comprimento do pólo depende da profundidade do reservatório, mas não mais do que 4 m. As marcas são colocadas no poste a intervalos de 0,25 m. Gatos-âncora com um número diferente de dentes são utilizados para a colheita de vegetação de fundo a partir de uma profundidade superior a 2,5-3 m (Fig. 3). Devem ser de comprimento diferente, com dentes longos alternando com dentes curtos. O comprimento da corda deve ser várias vezes maior do que a profundidade em que o trabalho é realizado.

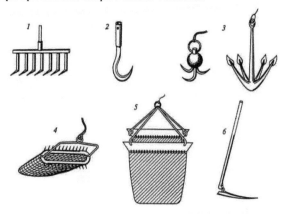

Figura 3. Algumas adaptações para a recolha de plantas aquáticas ripícolas:
1 - ancinho de água; 2 - faca em forma de foice; 3 - âncoras de gato; 4 - draga de Ramensky; 5 - draga hidrobiológica; 6 - foice.

A draga de Ramensky (Fig.3) é utilizada para a recolha qualitativa de plantas de fundo. Tem uma forma oval com um comprimento de 35 cm com um saco de tecido esparso. A largura na parte do meio é de 20 cm. Os dentes de 3 cm de comprimento, um pouco dobrados para fora, são soldados na parte superior da armação. É também utilizada uma draga quadrangular hidrobiológica com dentes (Fig. 3). Para ver o fundo e os matagais subaquáticos é conveniente usar uma máscara de mergulho.

Para a contagem quantitativa da vegetação (contagem de troncos, cobertura projectiva e esfregaço) em comunidades de todos os grupos de plantas são utilizados diferentes quadros de 1; 0,5 e 0,25 m² (quadrados e rectangulares). São feitas de ripas de madeira, tubos de alumínio e plástico e outros materiais leves para os manter a flutuar. As lâminas são pintadas com tinta branca e marcadas a cada 5-10 cm. Além disso, são feitos pequenos parênteses nas ripas para esticar as cordas da rede

39

da balança. Por conveniência, as armações devem ser desmontáveis ou dobráveis. Contagem de plantas devem ser conduzidos com tempo calmo. (Manual on Hydrobiological Monitoring of Freshwater Ecosystems, 1992).

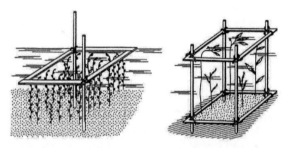

Figura 4. Reforço da armação antes do corte das plantas aquáticas ripícolas

Em todos os tipos de contagens quantitativas de plantas de águas costeiras, é necessário utilizar diferentes métodos de instalação de moldura. Ao recolher manualmente em comunidades de pequenas plantas bentónicas (a uma profundidade de 0,2-0,3 m), o quadro é rebaixado até ao fundo e sobreposto à comunidade. Em comunidades submersas, flutuantes e baixas (até 1 m) acima da água, a estrutura é sobreposta por cima e no estado flutuante na superfície da água é reforçada a partir de dois cantos opostos (diagonalmente) com postes especiais (Fig.4). Nas comunidades de plantas altas acima da água, é utilizada uma estrutura dobrável. É "inserido" no suporte de relva pela lateral, após o que o quadro é fixado. Todo o trabalho de armação é possível até uma profundidade não superior a 2 m. Em locais mais profundos, o registo de vegetação com a ajuda da moldura não é fiável.

Fig. 5. A.N.Lipin e N.N.Lipina (1939).

Quando se trabalha a pouca profundidade em espessuras compostas por plantas pertencentes a diferentes grupos (subaquáticas, flutuantes, acima da água), é conveniente uma moldura rectangular dupla (Fig. 4). As armações quadrangulares flutuantes, de tubos leves cobertos com rede (área 0,25 m2), são as mais convenientes para a contagem quantitativa e selecção de inclinações. Ao trabalhar, a armação é pressionada para o chão; neste caso, as plantas estão dentro da armação e não se perdem.

Na amostragem para contagem de biomassa, são utilizadas foices com uma lâmina curta (20-25 cm) e uma pega longa, uma faca em forma de foice (Fig. 3), bem como colheres de madeira para arbustos. É conveniente cortar plantas até à profundidade de 1,5-2,5 m com a foice; é difícil e inconveniente cortar em locais mais profundos.

Os comedores de ervas daninhas   (ou aparadores de ervas daninhas) são concebidos para recortar
vegetação de certas áreas.

A.N.Lipin e a draga de N.N.Lipina (1939) está disposta de acordo com o princípio da draga (Fig. 5). É uma caixa metálica, cujas paredes e topo são cobertos com uma rede de malha grossa. Na parte inferior da caixa estão fixados baldes móveis semelhantes aos baldes de draga. Os lados e a parte inferior dos baldes, que convergem quando o dispositivo é fechado, são entalhados e afiados, o que aumenta a linha de corte e agarra a vegetação não cortada com mais firmeza. A área de trabalho do wacker de ervas daninhas é de 0,1 m2. O dispositivo é colocado sobre uma corda ou com uma lança montada no barco. A draga pode ser utilizada para o registo da fitomassa da vegetação submersa, tanto a pouca profundidade como a pouca profundidade.

O mais utilizado nos estudos da vegetação aquática é o S. Bernatovich's Weeder (Manual de Monitorização Hidrobiológica dos Ecossistemas de Água Doce, 1992). Consiste em duas armações metálicas (20 x 40 cm), plantadas de forma móvel sobre um eixo de apoio com uma mola (Fig. 6). Na posição aberta, representam um quadrado com um lado de 40 cm. Cada moldura está equipada com dentes cortados a partir de uma folha grossa de metal. Nos lados longos da estrutura, o comprimento do dente é de 8 cm, e nos lados curtos os dentes encurtam gradualmente em direcção ao eixo de suporte. Quando o dispositivo é fechado, os dentes de uma moldura entram nos espaços entre os dentes da outra. Existem três fortes molas no eixo que ligam os dois quadros. Cada moldura tem uma pega para abrir o dispositivo. Nos cantos da moldura há correntes que estão ligadas ao mecanismo de disparo. Mantêm o aparelho na posição aberta.

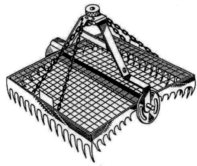

Fig. 6. O herbicida de S.Bernatovic

O dispositivo é baixado sobre uma corda para dentro da comunidade vegetal quando desdobrado. Com a ajuda de um peso de envio, as molas são accionadas, o quadro fecha e corta a comunidade vegetal (área 1/6 m2). O dispositivo é recomendado para comunidades de plantas submersas e plantas com folhas flutuantes.

Para a amostragem de fitomassa e contagem do número de plantas, são utilizadas as dragas de

T.D.Slepukhina (1976), N.I.Kashkin (1957), V.I.Butt e N.V.Butt (1980). A partir de matas tipo armadilha, são utilizados amostradores do tipo armadilha I.V.Starostin (1958) e N.N.Zhgareva (1979) para amostragem de plantas.

As colecções quantitativas mais precisas de plantas aquáticas a grandes profundidades são obtidas utilizando a técnica do mergulho. Recolhas paralelas de macrófitas de fundo marinho utilizando dragagens deram resultados 1,5 vezes subestimados em comparação com os dados obtidos por mergulhadores (A.A. Kalugina-Gutnik, 1975).

DESCRIÇÃO E CARTOGRAFIA DA VEGETAÇÃO

Ao mapear e descrever a vegetação de uma massa de água em estudo, são utilizados conceitos tais como *população geral* e *amostragem*. No caso da descrição de plantas de um corpo de água ou das suas partes separadas (uma baía, uma secção de um rio, etc.), a população geral é toda a vegetação deste corpo de água ou da sua secção. Neste caso, a amostragem significa descrição ou recolha de plantas em vários locais de amostragem.

Antes de descrever e cartografar a vegetação dos corpos de água, deve primeiro familiarizar-se com a literatura   , cartográfica e outros materiais sobre o objecto de estudo (V.M.Katanskaya, 1981). Para começar, é necessário fazer um desvio de reconhecimento de um corpo de água (ou da sua parte) por barco ou ao longo da costa, a fim de conhecer a natureza da distribuição da vegetação e as principais características dos seus limites. Durante tais excursões, é mantido um diário, onde se regista informação sobre os padrões de distribuição das comunidades vegetais, a sua composição, condições ecológicas, faz esboços oculares da distribuição comunitária. Recomenda-se a utilização de ferramentas para a recolha de plantas - ancinhos, âncoras e dragas.

Durante os levantamentos detalhados, é preparada uma característica completa da vegetação de um corpo de água com a identificação e classificação das unidades de vegetação, a sua composição, ecologia, localização dentro do corpo de água ou da área ocupada. É feito um mapa detalhado da distribuição da vegetação em toda a massa de água e nas suas áreas separadas.

Em pequenas massas de água utilizar qualquer meio de transporte de água, quando se trabalha em massas de água maiores, utilizar um barco a motor ou um barco. De vez em quando é necessário ir a terra para se familiarizar com o tipo de sobrecrescimento da parte rasa.

As observações aéreas e a fotografia aérea (possivelmente utilizando drones) são de grande ajuda em trabalhos geobotânicos sobre corpos de água para cartografia da vegetação (A.P.Belavskaya, 1994; I.L.Korelyakova, 1977). Quando se utiliza equipamento de mergulho leve, os dados qualitativos e quantitativos da recolha subaquática são mais precisos do que quando se trabalha a partir de um barco. A metodologia de levantamento e cartografia da vegetação é descrita em mais pormenor em trabalhos de A.P.Belavskaya (1969) e V.M.Katanskaya (1981).

A fim de representar graficamente a distribuição da vegetação na massa de água e determinar a área coberta por comunidades vegetais individuais, devem estar disponíveis mapas ou planos de grande escala com as profundidades traçadas neles. Para as áreas fortemente sobrecobertas do corpo de água é necessário ter planos de grande escala nos quais as fitocenoses individuais possam ser mapeadas.

A cartografia não deve limitar-se a cartografar apenas a vegetação ribeirinha claramente visível. Os limites das comunidades vegetais submersas (submersas e bentónicas) devem ser cartografados. Deverão ser utilizados instrumentos e ferramentas apropriadas para os identificar.

Os mapas de distribuição comunitária podem ser produzidos a partir de um barco medindo a distância e extensão de diferentes tipos de vegetação com calipers. Em terra e no mar, as medições são feitas com uma fita métrica. A área a ser mapeada é dividida em quadrados usando bóias ou marcos, e os contornos das comunidades de vegetação são mapeados dentro destes quadrados. A cartografia da vegetação é também realizada por meio de fotografia aérea.

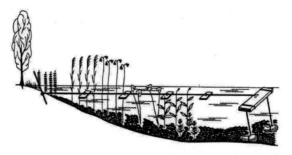

Fig. 7. Vista geral do cordão de medição em estado esticado

Perfis, os transectos são colocados nas áreas mais características do reservatório em termos de sobrecrescimento, nas quais a vegetação é contada. Isto torna possível determinar a largura (dentro do transecto) do crescimento da vegetação. A largura das faixas de vegetação, bem como das fitocenoses, é determinada por marcas no cordão. Os materiais obtidos são utilizados para a elaboração de mapas de crescimento excessivo do corpo de água.

A colocação de perfis e transectos é feita por meio de um cordão de medição (Fig. 7). É conveniente fazer marcações de cordas com trapos ou bandeiras de cores diferentes. É necessário ter em mente que os cordões (incluindo os sintéticos) se esticam ao longo do tempo, pelo que devem ser medidos novamente periodicamente. Para descrever a vegetação flutuante e de fundo

Os flutuadores são feitos de material leve e brilhantemente colorido e são fixados a cordas com mosquetões.

Em pequenos corpos de água (lagoas, rios, pequenos lagos) o cordão é esticado de costa a costa. Em grandes massas de água, a corda é esticada em águas rasas e cobertas de vegetação, um pouco para além da fronteira de propagação das plantas. É melhor esticar o cordão desde a água até à costa (Fig. 7). Se a água rasa for extensa e a largura da faixa de vegetação se estender por mais de 250 m, várias inclinações do cordão são feitas. Neste caso, ambas as extremidades são fixadas em bóias.

O número de perfis necessários num corpo de água para quantificar e mapear a vegetação depende do crescimento excessivo e do tamanho do corpo de água. Em massas de água com linhas costeiras pouco recortadas que não apresentam uma grande variedade de habitats e vegetação, um ou dois perfis podem ser limitados.

Em massas de água com uma linha de costa complexa e em grandes massas de água com um grande número de biótopos, o número de perfis pode ser significativamente maior, e são colocados nos locais mais característicos.

Ao mapear a distribuição da vegetação costeira-água, são utilizados símbolos para indicar as diferentes unidades de vegetação (associações, grupos de associações, formações) que são mapeadas. Muitos investigadores usam os seus próprios ícones e sombras. As plantas acima da água são normalmente marcadas com linhas verticais com várias adições; as plantas flutuantes são marcadas com linhas verticais com círculos foliares, etc. É impossível elaborar convenções para todas as plantas. As espécies raras podem ser designadas por números, letras ou símbolos arbitrários.

A área ocupada pela vegetação na massa de água, bem como a área das suas comunidades individuais, são determinadas com base em esquemas cartográficos.

O esquema (K.Starmach, 1954) pode ser utilizado para uma estimativa rápida do crescimento excessivo de um corpo de água:

1 - negligenciável (de 1/ 100 a 1/ 50 de superfície) - 1-2%;
2 - pequeno (1/50 a 1 / 10 superfície) - 3-10%;
3 - médio (1/10 a 1/5 da superfície) - 11-20%;
4 - grande (1/5 a 1/3 da superfície) - 21-35%;
5 - muito grande (1/3 a 1/2 da superfície) - 36-50 %;
+ 5 - excesso de crescimento, mais de 50% da superfície está coberta de vegetação.

A vegetação é descrita em parcelas de diferentes tamanhos. O número e tamanho das parcelas de inquérito para determinar 45 número, cobertura projectiva e outros elementos da estrutura da fitocenose dependem do estado do pasto, da sua homogeneidade e de outras características.

A descrição das fitocenoses é realizada em áreas de amostra com cerca de 100 m^2, geralmente sob a forma de um quadrado de 10 x 10 m. As parcelas de amostra são colocadas nos locais mais característicos da comunidade vegetal seleccionada, com condições ecológicas mais ou menos homogéneas. Os limites das áreas de amostra são por vezes estabelecidos a olho, marcando-as por plantas distinguíveis, mas mais precisamente - medindo os lados do quadrado com um poste, uma fita métrica, ou um cordão de medição. Os fragmentos de comunidades são descritos na sua totalidade.

Durante a descrição geobotânica da fitocenose na área da amostra, são notadas as condições gerais da fitocenose, a sua fisionomia, composição florística, abundância de espécies, especificidades da sua distribuição pela área (uniformemente, em tiras, manchas, grupos, etc.). Indica a estratificação, altura das plantas em camadas, cobertura projectiva, vitalidade, condição fenológica.

A forma de descrição também contém as características das condições de crescimento das plantas: a profundidade do corpo de água nos limites da comunidade, a temperatura da água, a composição mecânica dos sedimentos do fundo. O grau de impacto humano e animal na fitocenose é notado.

Ao descrever a fitocenose é dada a sua composição de espécies; as plantas cujos nomes o investigador não conhece (ou duvida) recebem um nome convencional. Mais tarde é determinado em condições de laboratório com base num espécime de herbário.

O significado de uma espécie numa fitococoenose é determinado pela sua pertença a uma determinada forma de vida, o estado da população, a sua abundância e ocorrência. *A abundância de uma espécie* numa comunidade é a sua quantidade, que pode ser expressa por vários indicadores: o número de indivíduos por unidade de área; a massa de matéria orgânica produzida pela espécie; o espaço ocupado pelos indivíduos da espécie (V.M. Ponyatovskaya, 1964). Assim, a abundância de uma espécie é o grau da sua participação numa fitocenose (em termos do número de indivíduos, cobertura projectiva, massa, etc.).

Existem várias escalas para avaliar *a abundância* de espécies individuais, das quais a mais frequentemente utilizada é a escala de Drude (O. Drude, 1913). Nesta escala, a abundância de uma espécie é indicada por uma pontuação (em palavras ou números).

Escala de classificação da abundância de espécies de gotas, pontuação:

Soc. (sociais)   -6 (as plantas são abundantes, formam um fundo, nivelam);

Cópia. 3 (copiosae) - 5 (plantas muito numerosas);

Cópia. 2   - 4 (muitas plantas);

Cop. i   - 3 (as plantas são bastante abundantes);

Sp.(sparsae)   - 2 (plantas em pequenas quantidades);

Sol. (solitariae) - 1 (plantas são solitárias);

Un. (unicum)   -+ (ocorrem espécimes únicos);

Gr. (gregarius)   -gr. (as plantas ocorrem em grupos).

Uma lista de plantas com marcadores de abundância de espécies de acordo com Drode é chamada de lista *qualificada*.

A *abundância volumétrica* das plantas (a medida em que a coluna de água é preenchida com os seus caules e folhas) refere-se à razão da soma dos volumes de A abundância de volume é expressa em função da cobertura vegetal e da altura da vegetação em relação à área e profundidade do biótopo. A abundância volumétrica é expressa em função da cobertura vegetal e da altura em relação à área e profundidade do biótopo.

É utilizada uma fórmula para calcular a abundância volumétrica das plantas:

$$\frac{\sum v}{V} = \frac{h \sum p}{H \quad nS}$$

onde: v é o volume permeado pela ramificação de cada planta;

V é o volume de água sobre a área do fundo que é ocupada pela comunidade;

h - altura média das plantas;

n é o número de plantas;

H é a profundidade média da água no local ocupado pela comunidade;

Xp/n - valor médio da área de projecção da planta no fundo;

S - área de todo o biótopo;

Xv/V - abundância volumétrica;

h/H é a altura relativa da vegetação;

Xh/nS - valor médio de cobertura a diferentes níveis.

A abundância volumétrica de cada espécie vegetal depende de muitos factores, e principalmente da época de crescimento.

Os números (densidade) são determinados pela contagem do número de plantas ou dos seus rebentos (em plantas rizomatosas) por unidade de área. Tal contagem é efectuada em 0,5 ^{m2} das parcelas de inquérito.

A densidade de espécies numa comunidade é determinada pela medição das distâncias entre as bases de espécimes individuais da mesma espécie ou de espécies diferentes num local (método de distância, método de medição).

A *cobertura, ou cobertura projectiva,* é a área de projecções horizontais das plantas na superfície do solo (fundo) e é expressa como uma percentagem da superfície da área da amostra, que é tomada como 100%. É feita uma distinção entre cobertura projectiva total, cobertura escalonada e abundância projectiva - cobertura projectiva de espécies individuais. A verdadeira cobertura é a área do fundo ocupada pelas bases dos caules das plantas (V.M.Ponyatovskaya, 1964; A.G.Voronov, 1973).

A cobertura projectiva é determinada utilizando uma moldura quadrada de 0,5 ou 1,0 ^{m2} com uma grelha de escala esticada a cada 10 cm, bem como com a ajuda dos dispositivos mais simples - grelha, grelha de espelho e garfo de escala (L.G. Ramensky, 1938). A cobertura projectiva é também determinada por aferição. Este método é amplamente utilizado em levantamentos de rotas.

A *ocorrência de espécies,* definida como a percentagem de parcelas de amostra onde uma determinada espécie se encontra no número total de parcelas colocadas na fitocoenose, exprime o resultado total da contabilização da uniformidade da distribuição das espécies e da sua abundância (V.M. Ponyatovskaya, 1964). Por outras palavras, a ocorrência é a frequência de ocorrência de uma espécie nas parcelas de ensaio. É determinado através do registo de toda a composição florística em cada local de levantamento, disposto na área de amostra da fitocoenose. O tamanho da parcela de amostra varia de 0,1 a 1,0 ^{m2}, e o seu número é de 25-50 ou mais. A ocorrência é calculada como uma percentagem do rácio entre o número de parcelas de inquérito onde a planta é encontrada e o número total de parcelas de inquérito.

Viabilidade é o grau de adaptabilidade de uma espécie numa fitocenose. Distinguem-se os seguintes graus de viabilidade das espécies (A.G.Voronov, 1973):

3a - a espécie na fitocoenose sofre um ciclo completo de desenvolvimento, desenvolve-se normalmente, floresce e dá frutos;

3b - a espécie na fitocoenose passa todas as fases de desenvolvimento, mas não atinge a sua dimensão habitual;

2 - o desenvolvimento vegetativo está abaixo do normal, a planta não está a dar frutos, mas a capacidade de florescer e dar frutos não foi perdida;

1 - A espécie é deprimida, vegetam fracamente, a regeneração das sementes não ocorre.

O volume da planta é determinado submergindo-a num recipiente de medição e calculando o volume de água por ela deslocada.

O próximo passo no estudo da vegetação aquática ripícola é a *descrição das associações.* Para uma área de sobrecrescimento suficientemente homogénea de um corpo de água, o método transect, já mencionado acima, é mais frequentemente utilizado. Ao descrever a vegetação ripícola e aquática, uma faixa de 0,2-1 m de largura é cortada em ângulos rectos até ao limite inferior do crescimento das plantas. Só são descritas as plantas que têm a sua base no transecto.

O estabelecimento de parcelas de ensaio para descrições de plantas aquáticas não segue qualquer padrão geral, uma vez que o investigador decide sobre a localização das parcelas no local. A configuração da linha costeira, a profundidade do crescimento das plantas, a clareza da água e outros factores que determinam a distribuição das plantas são de grande importância. A metodologia de descrição da vegetação, colocação e descrição dos sítios e transectos são abordados no trabalho de V.M. Poniatovskaya (1964).

A descrição de uma comunidade vegetal torna possível a sua atribuição a uma ou outra associação. A *associação* é a unidade básica da classificação de fitocenoses. O nome de uma associação é geralmente dado de acordo com a nomenclatura binária: a primeira palavra consiste no nome genérico da espécie dominante com a adição da terminação *"etum"* à sua raiz, e a segunda palavra consiste no nome genérico do co-dominante com a adição da terminação *"osum"*. Na dominância de várias espécies, é dado o nome de um género. Por vezes é dado um nome de espécie das espécies dominantes. Uma forma mais simples de nomear é listar as espécies dominantes nas associações. O sinal (-) separa espécies de diferentes agrupamentos ecológicos (camadas), enquanto o sinal (+) une espécies do mesmo agrupamento. A título de exemplo, são os seguintes os nomes de várias associações: Urutia spicillata com chara (Myriophyllutum spicati charosum); Telores aloevid com lírio de água (Stratiotetum aloides nymphaeosum); palheta comum com figo de figo (Phragmitetum australis perfoliati-potamogetonosum).

HERBARIZAÇÃO DE PLANTAS AQUÁTICAS COSTEIRAS

A fim de clarificar a composição e conservação das espécies de plantas costeiras e aquáticas, é necessário herbarizá-las. O herbário (de ervas latinas) é uma colecção de plantas especialmente recolhidas e secas (geralmente em papel sob a imprensa). Um herbário é importante não só para estudar a sistemática das plantas, mas também para aprender sobre a flora de uma determinada região e conduzir a investigação científica. As plantas secas e rotuladas são um documento que não pode ser substituído por um desenho ou pela descrição mais precisa. Os métodos de herbarização das plantas, incluindo as plantas de águas costeiras, são descritos na monografia de A.K. Skvortsov (1977).

Ao recolher plantas para herbário necessita de uma pasta de cartão com o tamanho de 35 x 50 cm ou 40 x 50 cm, papel (jornal, embalagem, papel de filtro) dobrado ao meio (tamanho de folha 45 x 60 cm), e ferramenta de escavação para escavar plantas.

É melhor recolher as plantas quando o tempo está limpo e seco. O tempo mais conveniente para tal é considerado como sendo de 10-11 horas. As plantas a recolher devem ser secas, sem vestígios de orvalho ou chuva (para plantas terrestres). Uma folha deve conter 1-2 espécimes de plantas grandes e 10-12 espécimes de plantas pequenas, para que a folha seja completamente ocupada por elas.

Para compilar um herbário, 2 a 3 espécimes de plantas normalmente desenvolvidas, sem lesões, com flores e, se possível, com frutos, raízes e outros órgãos subterrâneos, devem ser recolhidos. Assim, todas as partes da planta, tais como o sistema radicular ou o sistema rizoma, as formações subterrâneas e moídas, todos os tipos de rebentos vegetativos não florais, todas as camadas do caule e folhas do rebento florido (flores, frutos, sementes) e os órgãos hibernantes devem ser representados no herbário. Se a planta for biparental ou incompletamente biparental - (órgãos do outro sexo estão presentes em estado subdesenvolvido) ambos os tipos devem ser recolhidos sob números diferentes. Se uma planta da mesma espécie, crescendo em condições diferentes, se modifica ligeiramente, ela é tomada em todas as variações.

O significado de um ou outro órgão para o estudo morfológico e taxonómico pode variar. Por exemplo, nos sedimentos os órgãos subterrâneos são de grande importância, nos guarda-chuvas - frutos, nos cravos - sementes maduras.

Plantas com caules e folhas aéreas que sobem acima da água, geralmente crescendo a pouca profundidade, são escavadas com várias alfaias - facas, pás, talochas, ancinhos ou arrancadas à mão.

O solo da planta escavada deve ser sacudido ou lavado. Colocar as plantas recém-colhidas uniformemente nas folhas de papel e na pasta de herbário. As pequenas plantas podem ser dispostas em poucas peças por folha. As grandes plantas precisam de ser cortadas em pedaços e colocadas em várias folhas. Nas grandes plantas é necessário cortar algumas partes e colocar vários segmentos de cada tipo de órgão para que sejam visíveis vestígios de remoção artificial. Por exemplo, na cicuta - parte da raiz cortada, algumas folhas, parte do guarda-chuva.

Se a planta for alta e pouco ramificada, o caule deve ser dobrado várias vezes em algum ângulo para que toda a planta caiba numa única folha. Os caules devem ser dobrados num ângulo, não arqueados, para evitar dar uma falsa impressão do seu padrão de crescimento.

Em relação a cada espécie a recolher, é necessário ter consciência da sua variabilidade e recolher os espécimes que representam a média, o tipo mais característico da população. Não é aconselhável recolher plantas que estejam quebradas, feridas ou danificadas, ou que estejam em mau estado ou doentes.

As plantas são colocadas nas folhas do herbário para que se possa ver a disposição das folhas no caule, botões, botões, flores e frutos, assim como a parte inferior da folha.

Plantas finas e delicadas (por exemplo, algas de lago) são colocadas debaixo de água sobre uma folha de papel pesado e espalhadas. O papel é então cuidadosamente retirado da água por uma borda e colocado numa pasta. Se por alguma razão isto não puder ser feito directamente no local de recolha, as plantas são colocadas num saco de polietileno e levadas para a base da expedição. Aqui são dispostos em cuvetes com água e colocados sobre uma folha de papel grosso. Depois de retirar a folha com a planta colada, deixar escorrer a água, aspirar o excesso de água com um pedaço de papel de filtro e colocar a planta numa pasta de herbário. Alguns autores recomendam embrulhar as plantas aquáticas em pano antes de as colocar para fora.

As plantas recolhidas podem permanecer na pasta por não mais do que 24 horas. Normalmente o papel na pasta seca rapidamente e deve ser substituído por papel fresco.

As plantas recolhidas durante a excursão são fornecidas com uma etiqueta de trabalho. Este rótulo indica o local de recolha, as condições de habitat da planta, a comunidade, o grau de distribuição da espécie (individualmente, em grupo, raramente, etc.), a data de recolha e o nome do coleccionador. Os registos detalhados podem ser feitos numa agenda e a planta pode ser etiquetada com o número apropriado.

A secagem das plantas é uma das operações mais importantes na compilação de um herbário, uma vez que a sua qualidade depende em grande parte dele. A secagem requer um fornecimento adequado de papel seco, bem como espaçadores, que são utilizados para cobrir as folhas com as plantas quando estas são colocadas sob a prensa. A função das almofadas é dupla: equalizar a pressão sob a prensa e absorver a água libertada da planta durante o processo de secagem.

As plantas ásperas devem ser colocadas em cima da folha dobrada, não dentro dela. As plantas com partes carnudas devem ser separadas das outras com algumas folhas vazias (espaçadores). As plantas carnudas e suculentas são mergulhadas durante algum tempo (alguns segundos a 5 minutos) em água a ferver ou engomadas com um ferro quente antes de secarem. Tubérculos, bolbos e rizomas são cortados longitudinalmente e também escaldados com água a ferver. As plantas com partes tenras e rapidamente desbotadas devem ser colocadas em papel de filtro, espalhando-as cuidadosamente. As flores maiores devem ser abertas. Para melhores resultados, recomenda-se colocar uma camada de algodão em lã ou um pedaço de papel de filtro quádruplo na flor estendida.

As plantas são secas numa prensa botânica. A prensa consiste em duas armações de 35 x 45 cm com rede de arame esticada sobre elas. As plantas devem ser pressionadas correctamente para que não fiquem deformadas durante a secagem. Para conseguir um bom enfardamento, as plantas devem ser empilhadas correctamente, uniformemente, com calços suficientes, e deve ser encontrado o grau óptimo de estanqueidade do enfardador. A espessura da pilha de plantas deve ser uniforme.

As redes (prensas) são penduradas ao ar livre, de preferência ao sol e em locais bem ventilados. As plantas secarão nas prensas durante 5 a 7 dias. Durante os dois primeiros dias de secagem das plantas, o papel é substituído por papel seco 1 - 2 vezes por dia. As pastas devem ser guardadas dentro de casa durante a noite.

O fim da secagem é determinado pelo desaparecimento da cor verde viva. Para determinar se as plantas estão ou não secas, basta levantá-las da folha do herbário. Plantas não secas flamejam; plantas secas tornam-se elásticas.

As plantas secas são transferidas para folhas de herbário limpas de 42 x 30 cm e fornecidas com etiquetas em branco escritas em tinta ou tinta. Devem conter os seguintes dados: a instituição a que pertence o herbário, família, género, espécie vegetal, autor, localização geográfica da zona, habitat da planta (floresta, prado, sapal), relevo, substrato (areia, rocha, etc.), grau de distribuição (singular, raro, abundante), nome do coleccionador e identificador da planta.

Um rótulo com informação completa é um documento científico. O tamanho do rótulo varia, mas 10 x 7; 14 x 9 ou 12 x 10 cm são os mais utilizados. A etiqueta é normalmente colocada na extremidade inferior direita da folha de herbário. O adesivo deve ser utilizado para colagem.

BIOMASSA E PRODUÇÃO DE VEGETAÇÃO AQUÁTICA COSTEIRA

Determinar a produção primária, incluindo a da vegetação aquática costeira, é uma das tarefas centrais da hidrobiologia. Isto deve-se ao facto de a matéria orgânica produzida pelas plantas, tal como nas comunidades terrestres, ser o alimento primário para todos os organismos heterotróficos.

Na zona costeira (litoral), a maior parte da matéria orgânica é produzida por plantas de água costeira. E em pequenos corpos de água pouco profundos (tanques de peixes, pequenos rios, lagos e reservatórios   ) é proporcional e por vezes excede a produção de fitoplâncton.

Antes de se proceder a uma consideração específica dos métodos de determinação da biomassa e da produção da vegetação costeira-água, é necessário clarificar a terminologia destes conceitos, uma vez que os especialistas utilizam frequentemente termos completamente diferentes para o mesmo conceito: "rendimento", "fitomassa", "massa vegetal", "produtividade", "produção", etc. (I.M. Raspopov, A.P. Belov, 1973). (I.M.Raspopov, A.P.Belavskaya, 1973).

A União Internacional das Ciências Biológicas desenvolveu um vasto programa de investigação sobre a produtividade biológica das biocenoses terrestres e aquáticas. O Programa Biológico Internacional (IBP) foi estabelecido para orientar esta investigação.

Em 1966, para unificar os termos e conceitos utilizados na literatura moderna, o Comité de Terminologia do BID aprovou os conceitos relacionados com produtos primários.

A *biomassa* é a massa de matéria viva acumulada num ecossistema num determinado momento e numa determinada área.

Biomassa vegetal (sinónimo*: fitomassa)* é a massa de plantas vivas e mortas que mantiveram a sua estrutura anatómica num determinado momento, numa determinada área.

Biomassa máxima - biomassa vegetal alcançada no pico do desenvolvimento da comunidade vegetal numa determinada época de crescimento.

A *estrutura de biomassa* é a proporção de partes de plantas subterrâneas e acima do solo, e partes anuais e perenes, fotossintéticas e não fotossintéticas de plantas.

Os rags são partes mortas da planta que mantiveram a sua ligação mecânica com a planta.

A *matéria caída* é a quantidade de matéria orgânica vegetal morta que entra na comunidade. O termo é normalmente usado para órgãos de plantas acima do solo, enquanto o termo queda é usado para órgãos subterrâneos que morrem.

A ninhada é uma massa de depósitos perenes de resíduos vegetais de diferentes graus de mineralização.

O termo *"crescimento"* refere-se à massa de um organismo ou comunidade de organismos acumulada ao longo de uma área unitária por unidade de tempo.

O *crescimento real* é a razão entre a quantidade de crescimento e a quantidade de decaimento por unidade de tempo por unidade de área.

A *produção primária* é a quantidade de matéria orgânica produzida por autotrofos por unidade de área ao longo de um período de tempo.

A *produção primária total ou bruta* é a quantidade total de matéria orgânica produzida por autotrofos durante a fotossíntese numa determinada área durante um determinado período de tempo. Este valor é também chamado de fotossíntese bruta.

A *produção primária líquida* é a quantidade de matéria orgânica produzida por autotrofos durante a fotossíntese por unidade de área num determinado período de tempo, menos alguma quantidade gasta pelos produtores para sustentar a vida (por respiração).

A *produção primária líquida absoluta* é a quantidade de matéria orgânica sintetizada por autotrofos por unidade de área num determinado período de tempo menos as perdas associadas a

manutenção da vida dos produtores, órgãos mortos, consumo de plantas e das suas partes por vários heterotrofas.

A taxa de ciclismo biológico é o período de tempo em que um elemento químico viaja desde a sua absorção pela matéria viva até à sua libertação da matéria viva.

Biomassa de Vegetação

O estudo da produtividade das comunidades de plantas aquáticas costeiras baseia-se actualmente principalmente na determinação da massa vegetal por método de peso durante o período do seu desenvolvimento máximo. A biomassa vegetal máxima é convencionalmente equiparada à sua produção anual. Estes valores, como os estudos demonstraram, nem sempre coincidem, uma vez que a produção anual pode exceder a biomassa máxima, e a diferença entre eles é por vezes significativa (A.P. Belavskaya, 1969; I.M. Raspopov, 1978).

Para quantificar a vegetação aquática, é primeiro necessário determinar a composição da espécie da biocenose, identificar a natureza da distribuição das plantas pela área e o grau de crescimento excessivo do corpo de água. As características ecológicas das plantas dominantes devem ser determinadas (I.M.Raspopov, 1962).

Antes do início dos trabalhos, como acontece com a descrição da vegetação, deve ser efectuado um reconhecimento da zona costeira da massa de água e a vegetação que aí cresce deve ser estudada em pormenor (até agora apenas provisoriamente). Os limites exteriores do crescimento das plantas são mapeados. As áreas de amostragem são marcadas com estacas, cordas (se as áreas forem grandes) ou uma moldura quadrada (para áreas mais pequenas). Os agrupamentos vegetais são então descritos usando métodos e técnicas geobotânicas. Exemplos da descrição da vegetação costeira-água estão disponíveis em várias obras (V.K.Bogachev, 1950; V.A.Ekzertsev, 1960; A.P.Belavskaya, 1969; e outras).

Primeiro, selecciona-se o local de amostragem mais característico (cerca de 100 m^2) onde é determinada a biomassa vegetal (Métodos Uniformes..., 1976). Para a amostragem da vegetação ar-água que cresce perto da costa ou em águas pouco profundas, são utilizadas as mesmas ferramentas que para as plantas terrestres: tesoura, faca, foice, foice com uma peça de corte encurtada, ancinho, etc. Este método de amostragem é chamado método "swathing". Vegetação com folhas flutuantes, bem como plantas submersas em água (a uma profundidade de 70-80 cm) são arrancadas pelas mãos.

Um dos principais métodos de recolha de biomassa é o método da parcela de amostra (método do quadrado). A essência do método é que as amostras (declives) para determinação da biomassa são colhidas nos locais mais típicos da vegetação descrita de uma área de 0,25 a 1,0 m^2. Uma moldura quadrada ou rectangular é utilizada para restringir o local da amostra. Para plantas com folhas flutuantes, recomenda-se que se tomem declives a partir de uma área de 2-4 m^2. Para uma comunidade homogénea densa (por exemplo canas) 0,5 ou 0,25 m^2 é suficiente. A repetição necessária e a dimensão dos sítios em cada caso é determinada pela complexidade e densidade da comunidade vegetal e pelas peculiaridades da sua composição.

Uma moldura de madeira ou metal leve é utilizada para limitar a área de corte. Todas as plantas cujas bases se situam dentro dos limites da moldura são cortadas e seleccionadas   . Quantidade
A replicação varia de 3 a 5-10, dependendo do tipo de comunidade (V.A. Ekzertsev, 1958). As pequenas parcelas de inquérito são tiradas em maior número; o mesmo é feito em comunidades heterogéneas. Em comunidades com ervas esparsas, recomenda-se a realização de várias parcelas de inquérito em diferentes partes da comunidade de uma dimensão maior, dentro de 1,0 m 2. Independentemente da dimensão da parcela de amostra, todas as plantas da parcela e as suas partes subterrâneas devem ser cortadas ou escavadas.

O corte a profundidades superiores a 1-1,5 m com corte por foice é efectuado a partir do barco. Ao cortar as plantas com uma foice, duas pessoas trabalham juntas: uma ceifa e a outra apanha as plantas ceifadas. As plantas cortadas são lavadas da sujidade, limpas do crescimento excessivo e classificadas em grupos. Cada corte é etiquetado e registado num diário.

Várias ferramentas hidrobiológicas - dragas de diferentes desenhos, raspadores, dragas e, em alguns casos, equipamento de mergulho - são utilizadas para recolher a vegetação submersa a profundidades relativamente grandes. Se para a amostragem de biomassa forem utilizados diferentes desenhos de dragas, que têm uma área de amostragem muito pequena, é necessário fazer um tal número de mergulhos (amostragem), que cubram uma área não inferior a 0,25 ou 0,5 m2. A amostragem apenas com um dispositivo com uma pequena pegada não dará resultados fiáveis.

Uma modificação do método do local é o método transect, cuja essência é que as plantas são contadas a partir de uma faixa de uma certa largura (de 0,2 a 1 m) em ângulo recto com a linha de costa até à parte aberta do reservatório. A faixa é delimitada por cordas marcadas ao longo de todo o seu comprimento, e todas as plantas capturadas neste espaço são seleccionadas (I.M.Raspopov, 1969; V.A.Ekzertsev, 1966).

Em profundidades maiores, as bujarronas podem ser tomadas mergulhando em fatos de mergulho leves ou com equipamento de mergulho. É utilizada uma moldura metálica pintada de branco. As plantas são colhidas à mão e colocadas num saco. Um obstáculo para a recolha de plantas é a turbidez dos sedimentos do fundo. No entanto, este método de tomar declives a maiores profundidades dá resultados mais fiáveis do que outros métodos de amostragem.

A distância entre os transectos depende do tamanho do corpo de água, do grau de uniformidade da vegetação e dos objectivos do estudo. A contagem e a amostragem são realizadas sequencialmente, começando na zona ribeirinha e terminando no último metro de crescimento da planta, por exemplo

1. zona costeira (descrição dos grupos de vegetação e amostragem);
2. 0 - 5 m - zona vegetal anfíbia, 0,5 m de profundidade, solo - lodo turfoso (descrição dos grupos de vegetação e amostragem é realizada mais adiante);
3. 5 - 25 m - zona de plantas aquáticas altas (cana, rabo de gato, etc.), profundidade 0,1-1 m, solo - lodo turfoso (descrição de grupos de plantas e amostragem), etc.

No processamento final do material, é preparado um mapa de distribuição da vegetação   e são identificados os tipos característicos grupos de plantas, e é dada uma análise do seu habitat no corpo de água e é determinada a biomassa vegetal (Unified Methods of Water Quality Research, 1976; Methodology of Inland Water Body Biogeocenosis Study, 1975).

A metodologia de registo da biomassa de plantas de água costeira é diferente para plantas de água do ar, plantas com folhas flutuantes e submersas e plantas de flutuação livre (I.M. Raspopov, 1962; A.P. Belavskaya, 1994).

Para obter resultados de biomassa fiáveis, são utilizados os mesmos métodos estatísticos que na geobotânica, tendo em conta as características biológicas das plantas aquáticas, especialmente plantas submersas. A biomassa da vegetação costeira-água é estimada de acordo com três indicadores (A.G.Voronov, 1973): peso da massa recém-cortada, massa recém-cortada, massa seca ao ar e massa absolutamente seca.

As partes verdes das plantas perdem água rapidamente após o corte, por isso, para determinar o peso da vegetação fresca, a pesagem é feita imediatamente. A vegetação aquática é seca com papel de filtro e pesada. São obtidos valores de biomassa bruta.

O peso da massa seca ao ar depende da humidade do ar e do método de secagem (à sombra, ao sol) e das características dos locais de armazenamento, pelo que os resultados podem variar muito.

O terceiro método (peso absolutamente seco) exige que as amostras sejam secas num exsicador e pesadas rapidamente antes de as amostras terem absorvido humidade. O peso seco absoluto é alcançado através da secagem das plantas num exsicador a 1050C durante um dia. As plantas são depois arrefecidas num exsicador ou em sacos de polietileno. A pesagem é feita imediatamente, uma vez que as plantas secas podem "ganhar" até 10% de humidade do ar.

Dependendo dos objectivos experimentais, todos estes três métodos de contabilização da vegetação aquática são utilizados, mas este último método é o mais preferido, pois permite a comparação de resultados obtidos por diferentes autores.

Antes de secar, o material recolhido é pré-lavado ou lavado sob água corrente para remover lodo, epífitas e animais. O peso total de tais subprodutos pode por vezes exceder o peso das próprias plantas. As plantas são então classificadas por espécie, colocadas em sacos de polietileno e armazenadas pela primeira vez num frigorífico a cerca de 5 ºC, ou congeladas.

Os carbonatos de cálcio e magnésio precipitam-se frequentemente na superfície das plantas, que podem representar 50% ou mais do peso seco da planta. Para remover os carbonatos, as plantas recolhidas (se a quantidade for pequena) ou a amostra (se a quantidade for grande) são tratadas com uma solução de ácido clorídrico a 3-5%. Depois as plantas são lavadas com água e novamente secas numa incubadora até à massa absolutamente seca. A quantidade de carbonatos precipitados é determinada pela diferença de massa. Em cálculos adicionais da biomassa vegetal é introduzida uma correcção adequada.

A biomassa da vegetação aquática é expressa em unidades de massa por unidade de área (g/m2, kg/m2, c/ha) com a inclusão (ou vice versa exclusão) de órgãos subterrâneos neste valor. Conhecendo as áreas de associações individuais e a sua biomassa, é possível calcular o stock de massa vegetal para todo o corpo de água.

A amostragem quantitativa de órgãos vegetais subterrâneos é mais difícil, uma vez que muitos deles atingem uma profundidade considerável, por exemplo, erva caniço (até 1 m), rabo de cavalo (80 cm), rabo branco e ervilhaca tricolor (70 cm) e sedimento (60 cm).

A análise do sistema radicular é de grande importância na determinação da biomassa, uma vez que em muitas plantas (tais como rabo de gato, junco, junco, nenúfar) os órgãos subterrâneos podem exceder por várias vezes a biomassa acima do solo. Por exemplo, a proporção de partes subterrâneas em rabo de gato de folhas estreitas para partes acima do solo é de 2,5:1, em rabo de gato de folhas largas e junco - 1:1, e em junco de lago - 9:1 (N.S. Gaevskaya, 1966). Nas comunidades formadas, os órgãos subterrâneos (raízes, rizomas) constituem 50-100% da biomassa vegetal. Contudo, há que ter em conta que são acumulados ao longo de vários anos, pelo que não podem constituir uma grande proporção da produção anual total (D.Westlake, 1968). De acordo com outros dados, cerca de metade da massa subterrânea cresce numa estação de crescimento. Segue-se que a fitomassa e a idade dos órgãos subterrâneos devem ser estudadas em paralelo ao determinar a produção total.

Em condições de dessecação de Outono ou recessão hídrica (especialmente em reservatórios), os órgãos subterrâneos são escavados da mesma forma que nas plantas terrestres. Para este fim, são recolhidos monólitos de solo de um determinado tamanho, e as partes subterrâneas são separadas das amostras recolhidas mecanicamente ou por lavagem num sistema de peneira.

Foram propostos três métodos para determinar a fitomassa dos órgãos subterrâneos (D.Westlake, 1968):

1. *Extracção de plantas.* A planta é desenterrada e o sistema radicular analisado. Para a maioria das plantas com rizomas densos, este método não é adequado. É utilizado quando os rizomas de uma única planta podem ser extraídos.

2. *Método dos pequenos monólitos.* Um cilindro de alguns centímetros de diâmetro é conduzido para o solo. O conteúdo do cilindro é sacudido, o material vivo é desmontado, e a sua massa é calculada para uma determinada área. Com este método, um grande número de amostras deve ser colhido a fim de obter resultados fiáveis. Esta técnica de amostragem é adequada para estudar o crescimento de plantas com raízes densamente entrelaçadas.

3. *O método dos grandes monólitos* (quadrados de escavação). Escolher a área mais adequada (por exemplo, 0,5 x 0,5 m). A partir da área quadrada, todas as plantas juntamente com os órgãos subterrâneos são escavadas até à profundidade requerida. Este método dá menos erros do que o método do monólito raso. Além disso, o crescimento de órgãos subterrâneos pode ser monitorizado durante a desmontagem. A principal desvantagem é que é de mão-de-obra intensiva; um grande volume de solo tem de ser analisado.

Dado que as raízes de algumas plantas se estendem muito profundamente, são efectuados previamente estudos especiais: a profundidade a que se encontra 80-90% da massa de raiz necessária para a escavação é determinada. Os resultados são então ajustados em conformidade.

Para obter resultados comparáveis, a biomassa vegetal é convertida em unidades de matéria orgânica ou carbono para que possa ser convertida em unidades de energia (no Sistema Internacional de Unidades 1 cal = 4,19 J, e 1 J = 0,24 cal). Um grama de matéria seca corresponde a cerca de 0,4 g de carbono. O valor calórico das plantas aquáticas calculado a partir do carbono é de 4,3-4,8 kcal/g de carbono (D.Westlake, 1965).

Deve ter-se em conta que o valor calórico das plantas aquáticas varia em função da sua espécie e fase fenológica de desenvolvimento; o valor calórico das partes individuais das plantas também difere. Por exemplo, o valor calórico do monte amarelo de folhas flutuantes é de 3,8 kcal/g, o dos pecíolos 3,3 e o dos frutos 4,1 kcal/g (K.A. Kokin, V.N. Nosov, T.I. Belaya, 1981). O maior valor calórico é observado na Primavera e no início do Verão, com a sua diminuição gradual até ao Outono. Além disso, os valores de energia equivalente para diferentes espécies de plantas podem diferir significativamente: assim, para ampípodes e canas é 4,2 kcal/g, para algas, elodea, cavalinha é 3,3-4,0 kcal/g. Hara, musgo e nitgreens têm um equivalente energético inferior de 1,2-2,9 kcal/g. A vegetação costeira dura tem um valor calórico ligeiramente inferior ao das plantas que vivem directamente na água.

Em estudos de rotina para   determinar o valor calórico de é utilizada a seguinte equação (E.D.Khabibulin, 1977):

$$Y = 0,0422X,$$ onde: Y é o valor calórico da matéria seca, kcal/g; X é a percentagem de matéria orgânica na amostra.

Assim, o teor em matéria orgânica sem cinzas da amostra pode determinar rapidamente o valor calórico da planta. Contudo, deve ter-se em mente que o conteúdo de cinzas de diferentes partes de uma mesma planta pode variar muito. As folhas flutuantes de montículo amarelo de flor de marmoila contêm 91% de matéria orgânica, os frutos 96%   , enquanto os pedicelos contêm 77-79% (K.A.Kokin, V.N.Nosov, T.I.Belaya, 1981).

Métodos de determinação de produtos vegetais pela sua biomassa

A produção vegetal é a matéria orgânica recentemente formada durante um certo período de tempo (dia, mês, ano). De acordo com muitos especialistas (A.P. Scherbakov, 1950; V.A. Ekzertsev, 1958; A.P. Belavskaya, 1994), a produção anual de plantas aquáticas superiores é igual à sua biomassa máxima, cronometrada até ao fim da floração. Para a Rússia central, estamos de finais de Julho a princípios de

Agosto; em regiões mais meridionais, estamos em Julho.

Contudo, este método não tem em conta as excreções de plantas ao longo da vida, a morte de folhas e caules, o derrame de órgãos reprodutores, e a ingestão por animais. E estes valores podem ser significativos e, no total, podem exceder a chamada "biomassa na raiz". Por conseguinte, alguns especialistas acreditam que não é totalmente correcto tirar o máximo de biomassa para a produção, e para algumas espécies vegetais (como a elodea) é completamente inaceitável. A sua produção anual é aproximadamente 5 vezes superior à biomassa primaveril (E.V.Borutsky, 1950).

Para começar, é de notar que a biomassa máxima de fitomassa só pode corresponder à produção (naturalmente, tendo em conta o acima exposto) se a biomassa inicial das plantas for muito pequena (D.Westlake, 1965). Por exemplo, em cana, rabo de gato, o crescimento anual das plantas começa como se fosse de zero, a partir da raiz, enquanto elodeum, algas, e musgos vegetam durante todo o ano.

Em corpos de água doce os animais podem comer de 3 a 90% da vegetação aquática (N.N.Smirnov, 1961; N.S.Gaevskaya, 1966), e os resíduos alimentares durante a alimentação podem exceder a quantidade de alimentos comidos várias vezes (N.S.Gaevskaya, 1958). Não surpreendentemente, ao determinar a produção primária do Lago Ladoga, a biomassa de cana aumentou durante o Verão, enquanto o número de caules nas áreas de estudo diminuiu (I.M.Raspopov, M.A.Rychkova, 1969).

Além disso, quase todas as macrófitas, ao contrário das plantas terrestres, perdem em média até 15% da sua produção anual durante a época de crescimento sob a forma de folhas caídas (D.Westlake, 1965). Observações sobre o crescimento e decadência das canas no Lago Ladoga mostraram que estas perdas durante o Verão ascendem a 15-20% da produção anual (I.M.Raspopov, M.A.Rychkova, 1969). Observações semelhantes sobre plantas submersas do lago Onega mostraram que durante a época de crescimento a massa de folhas destruídas era, em média, de 7%. Portanto, a recolha e contabilização da matéria orgânica morta (decomposição) pode, em certa medida, compensar estas perdas e permitir a introdução dos factores de correcção necessários no cálculo da produção. Não se deve esquecer que, juntamente com as precipitações naturais, uma parte das folhas e rebentos é comida por animais aquáticos (N.S.Gaevskaya, 1966). Consequentemente, ao calcular a produção, é necessário introduzir uma correcção para as folhas caídas, comer e outras perdas.

A fim de resolver mais correctamente a questão do valor P/V-coeficiente, são realizadas experiências e observações especiais em parcelas permanentes ou em plantas individuais. Ao determinar o crescimento das plantas e várias perdas durante a época de crescimento, são calculados factores de correcção para obter o valor de produção de biomassa.

Assim, E.V. Borutsky (1950) realizou um estudo detalhado sobre a produção de elodea, que vegetam durante todo o ano. No início da Primavera, as plantas foram plantadas em caixas de madeira cheias de areia e expostas a diferentes profundidades de reservatório de água durante todo o ano. O número e tamanhos de galhos, botões e folhas velhos e jovens foram pré-calculados nas plantas. Além disso, o seu peso seco foi determinado em diferentes fases de crescimento e em diferentes meses da estação. As caixas eram periodicamente retiradas do reservatório e o crescimento de vários órgãos era contado. Esta investigação meticulosa permitiu-nos estabelecer que a produção da Elodea é 5 vezes maior do que a sua biomassa.

A fim de analisar o crescimento de raízes e rizomas, os especialistas recomendam a realização de experiências de cultivo dessas ou de outras plantas em tabuleiros especiais cheios de solo ou lodo e submersos num corpo de água. Em alguns casos é aconselhável cultivar plantas em áreas relativamente grandes. Para este fim, é cavado um buraco no fundo do lago, forrado com película de polietileno e são plantadas plantas. Para plantas enraizadas, não é necessário cavar um buraco; a folha é colocada no fundo e coberta com terra. A película de polietileno permite que as plantas sejam retiradas sem danificar o sistema radicular. Os métodos hidropónicos são por vezes utilizados para estudar o desenvolvimento de órgãos subterrâneos.

Portanto, para uma comparação adequada da biomassa e da produção de vegetação aquática superior, são necessárias experiências especiais em locais permanentes (estacionários) ou a observação cuidadosa de plantas individuais. Assim, ao determinar o crescimento e queda das plantas durante a época de crescimento, desenvolvimento do sistema radicular, é possível calcular factores de correcção para determinar a produção não só de plantas individuais pela sua biomassa, mas também de comunidades inteiras.

Um método experimental deste tipo comporta muitas possibilidades. As experiências podem ser realizadas não só em pontos fixos em condições naturais, mas também em laboratórios. Permitem o estudo não só da biomassa e da produção vegetal, mas também das características biológicas e ecológicas na monocultura e na comunidade. Tal trabalho requer o desenvolvimento de técnicas, métodos e equipamento especiais em cada caso.

Muitos dados mostram que os coeficientes P/B são variáveis, e a produção anual de plantas aquáticas pode ser substancialmente diferem da sua biomassa máxima. É também óbvio que, dependendo das condições climáticas e outras, o valor do coeficiente P/B pode ser diferente para a mesma espécie.

Portanto, na prática dos estudos hidrobiológicos, a produção anual líquida de plantas aquáticas costeiras é calculada de acordo com a fórmula proposta por I.M. Raspopov (1972):

$P = 1,2 \ Vmax,$

onde: P - produção anual; $Bmax$ - biomassa máxima.

Para plantas com folhas flutuantes, a fórmula aplica-se

$P = 1,2 \ Vmax + wn,$

onde: w - peso médio das folhas; n - número de espiraladas desprovidas de folhas.

Isto deve-se ao facto de as folhas flutuantes das plantas (em particular, mexilhão amarelo, algas flutuantes, etc.) serem renovadas cerca de três vezes durante a época de crescimento (I.M. Raspopov, 1972).

Métodos para determinar o valor da produção vegetal por fotossíntese

Modificação do método da lesma pelo oxigénio. A medida da produção primária é a taxa de formação de matéria orgânica ao longo do tempo. Como é conhecido, a fotossíntese, e portanto a formação de matéria orgânica, ocorre apenas à luz com a participação da clorofila, absorvendo o dióxido de carbono e libertando oxigénio livre. Assim, ao determinar a quantidade de CO_2 absorvida ou a quantidade de O_2 libertada durante a fotossíntese, é possível ter uma ideia do valor da produção primária.

A determinação da produção vegetal através da medição da dinâmica do oxigénio dissolvido na água ou do consumo de dióxido de carbono [marcado com 14C] em recipientes fechados (frascos) durante um determinado período de exposição foi aplicada pela primeira vez no estudo do fitoplâncton. Subsequentemente, estes métodos foram alargados a plantas aquáticas superiores.

A essência do método de determinação do frasco de produção é que a água com fitoplâncton ou rebentos de plantas é colocada num recipiente transparente (vidro, plexiglass, etc.) e exposta no tanque durante várias horas. A fotossíntese com a libertação de oxigénio tem lugar no frasco claro, enquanto a respiração (com o consumo de oxigénio, respectivamente) tem lugar no frasco escuro. A diferença entre a concentração de oxigénio no início e no fim da experiência (nos frascos claros e escuros) é utilizada para determinar o valor da produção e da degradação.

Ao determinar a produção de plantas aquáticas superiores pelo método da lesma, um rebento de uma planta inteira (ou da sua parte) é colocado num recipiente e exposto num corpo de água durante várias horas. Uma vez que também existe fitoplâncton no frasco, a sua produção é determinada separadamente, para que a produção da planta superior possa ser calculada separadamente. A produção é calculada por unidade de massa da macrófita.

O fitoplâncton, devido ao seu pequeno tamanho, está relativamente uniformemente distribuído no recipiente (bathometer) a partir do qual os frascos claros e escuros são enchidos. Assume-se que em todos os frascos de produção a concentração de fitoplâncton é idêntica. O volume dos frascos de produção neste caso não excede 100-150 ml, nos quais é determinada a concentração de oxigénio (A.P.

Sadchikov, 2003). As plantas aquáticas submersas como um objecto são menos convenientes (em comparação com o fitoplâncton) para a determinação da produção primária pelo método da lesma.

A vegetação aquática é, antes de mais nada, objectos de grandes dimensões. Para determinar a sua produção, é necessário utilizar frascos de grande volume, que nem sempre é conveniente quando se realizam trabalhos no terreno. Contudo, apesar disto, este método é bastante utilizado em estudos hidrobiológicos.

Ao determinar a produção de macrófitas, uma planta inteira (ou a sua parte) é colocada em frascos de produção - dois claros e um escuro (que é a quantidade mínima). Os frascos são enchidos com água retirada da espessura da macrófita. Três frascos de produção (dois claros e um escuro) são enchidos com água ao mesmo tempo para determinar a produção de fitoplâncton. É enchida mais uma série de frascos para medir a concentração inicial de oxigénio neles contida.

As fitas de produção com macrófitas e fitoplâncton são colocadas no corpo de água, até à profundidade de crescimento das plantas. O tempo de exposição pode variar de 0,5 a 2-4 h (máximo 6 h), uma vez que uma exposição mais longa pode levar a efeitos inibidores da lesma (A.A. Potapov, 1956; I.T. Astapovich, 1967; A.P. Sadchikov, 2003).

Após exposição, a planta é retirada do frasco de produção com uma pinça, seca até ao peso absolutamente seco, e pesada. Se houver um depósito de calcário na planta, este é tratado com 35% de solução de ácido clorídrico. O produto é calculado por unidade de massa da macrófita.

Nos frascos de produção (claro e escuro) a concentração de oxigénio é medida utilizando o método Winkler ou o método electroquímico. Além disso, as concentrações de oxigénio são também medidas em frascos de fitoplâncton para que a produção de macrófitas e microalgas possa ser determinada separadamente; as concentrações de O_2 em frascos de macrófitas são subtraídas dos valores de O_2 em frascos de fitoplâncton.

A produção de macrófitas é calculada em duas etapas.
1. A partir dos valores de concentração de oxigénio nos frascos de produção com por macrófitas (após exposição) subtrair a concentração de O_2b
frascos de produção com fitoplâncton para obter apenas valores de produção de macrófitas. A produção e degradação de macrófitas propriamente ditas são então calculadas.
2. A produção de macrófitas, ao contrário da produção de fitoplâncton, é expressa por unidade de massa de planta, uma vez que as macrófitas de diferentes massas são colocadas numa série de folhas de produção.

A produção bruta *(Pg)* e líquida *(Pn)* e a degradação *(D)* de macrófitas são calculadas utilizando as seguintes fórmulas:

$$Pg = (Vc - V\text{т}) / t\ W\quad (\text{мг}\ O_2/\text{г} \bullet \text{ч});$$
$$Pn\quad (Vc - V\text{и}) / t\ W\quad (\text{мг}\ O_2/\text{г} \bullet \text{ч});$$
$$D\quad (V\text{и} - V\text{т}) / t\ W\quad (\text{мг}\ O_2/\text{г} \bullet \text{ч});$$

onde: t - tempo de exposição (h); W - massa de macrófita (g), reduzida ao volume do recipiente experimental com macrófita (l); Yc - concentração final de oxigénio com macrófita num vidro claro (mg O2 /l); Yt - concentração final de oxigénio com macrófita num vidro escuro (mg O2 /l); Un - concentração de oxigénio no vidro antes da experiência (mg O $_2$ /l).

As fórmulas acima mencionadas mostram que ao determinar a produção de macrófitas (ao contrário do fitoplâncton) é necessário ter em conta o volume do tanque de produção e o peso da planta. Todos os cálculos, por conseguinte, são efectuados tendo em conta estes indicadores, pelo que são seleccionadas plantas do mesmo peso e tamanho para a experiência.

Ao determinar a produção de macrófitas pelo método da lesma, deve ter-se em conta o seguinte.

Quando realizam trabalhos, utilizam frascos (recipientes) de volume relativamente grande, de modo a que toda a planta (por exemplo, musgo, espirogyra, algas, elodea, etc.) possa ser acomodada neles. Os investigadores utilizam para este fim recipientes de 1 a 34 litros ou mais (I.T.Astapovich, 1972; A.P.Sadchikov, 1976; V.M.Khromov, A.P.Sadchikov, 1976), que nem sempre são convenientes para trabalhar no terreno.

As plantas em diferentes fases de crescimento produzem de forma diferente (A.P. Sadchikov, 1976). Isto influencia a dispersão dos resultados quando se utilizam vários frascos na experiência.

Quando se utilizam plantas grandes (por exemplo, algas de lago) nem sempre é possível colocar a planta inteira no vaso. Na maioria das vezes, a parte apical é cortada e exposta separadamente. Por vezes, outras partes da planta são também utilizadas nas experiências. Contudo, deve ter-se em mente que a intensidade da fotossíntese de cada parte da planta é diferente; a parte apical da planta tem taxas de produção mais elevadas do que as partes mais baixas, o que leva a resultados sobrestimados da produção primária.

A planta cortada é mais frequentemente exposta a uma profundidade, pois é bastante difícil expor amostras a profundidades desde a superfície até 0,5-O,8 m (ou seja, expor cada parte de uma planta à sua profundidade).

Na zona costeira, a água é turva e a maior parte da radiação solar é retida nas camadas superiores do corpo da água. Muitas plantas estão adaptadas à baixa luminosidade e mesmo à sua curta exposição na camada superficial, pode alterar o ritmo dos processos fisiológicos. Assim, numa camada de 10 cm dos reservatórios de Rybinsk, Gorki, Uglich, Tsimlyansk e lagos da região de Leninegrado até 56% da radiação solar penetrante é absorvida, enquanto que numa camada de 30 cm -67-92% (V.A. Rutkovskaya, 1961). Consequentemente, as partes individuais da planta a diferentes profundidades estão sob diferentes condições de luz, o que resulta em características de produção muito diferentes.

As plantas aquáticas submersas têm cavidades de ar, que em diferentes espécies são de 1,5-7 cm3/g (S.Hejny, 1960), em *Potamogeton pectinalis* - até 25% do volume de plantas. Durante a fotossíntese, primeiro acumula-se oxigénio nas cavidades de ar das plantas, e depois difunde-se lentamente para o meio. A este respeito, a concentração de oxigénio nas lacunas nem sempre é proporcional à sua concentração na água. Esta desproporção persiste durante várias horas. Assim, as cavidades de ar actuam como reservatórios peculiares; a libertação de oxigénio durante a fotossíntese e o seu consumo durante a respiração são efectuados principalmente a partir destas cavidades. Os danos na planta resultam na libertação de gases, incluindo oxigénio, para o ambiente. Isto leva por vezes a grandes discrepâncias nos resultados (I.T. Astapovich, 1967, 1972). Além disso, danos nas próprias plantas afecta negativamente a assimilação de nutrientes e o processo de fotossíntese (I.T. Astapovich, 1972). Tudo isto dificulta a determinação correcta da produção vegetal.

Para excluir (ou, pelo menos, para reduzir) os fenómenos negativos acima descritos, é colocado um frasco ou outro frasco de pescoço largo sobre a planta que cresce no tanque, apertando-o na planta com borracha macia (I.T. Astapovich, 1967, 1972). O frasco é fixado sobre uma moldura especial. A produção de uma planta de raiz fisiologicamente normal é estudada desta forma. Contudo, mesmo aqui são possíveis erros, uma vez que a parte apical de uma planta é mais fisiologicamente activa do que outras partes da mesma. Além disso, está localizado perto da superfície do reservatório, nas condições de luz mais favoráveis.

A fim de ter em conta, em certa medida, as dificuldades metodológicas acima descritas, os especialistas recomendam a utilização de "lápis" e "mangas" de grande volume, que permitem expor grandes plantas (A.P.Sadchikov, 1976; V.M.Khromov, A.P.Sadchikov, 1976). Noutros casos, sugere-se a utilização de cilindros de plástico ou polietileno (claro e escuro), com os quais toda uma planta ou grupo de plantas é coberto pela prensagem dos seus bordos no solo (R.G.Wetzel, 1964, 1965; A.A.Biocino, 1976). A amostra para análise é colhida através de uma abertura lateral arrolhada com uma seringa especial. Este método de determinação da produção também tem as suas desvantagens; há um problema relacionado com a absorção do oxigénio libertado durante a fotossíntese pelos organismos inferiores.

Em conclusão, notamos algumas recomendações a que se deve prestar atenção ao estudar a produção de plantas submersas pelo método do oxigénio. O tempo de exposição não deve ser superior a 4-6 horas. Isto deve-se ao facto de, a uma taxa elevada de fotossíntese, haver frequentemente saturação ou sobre saturação da água com oxigénio, resultando em bolhas de gás, o que leva à sua perda na determinação do oxigénio dissolvido na água. Além disso, podem desenvolver-se bactérias na superfície dos recipientes. Os resultados finais da experiência também podem ser afectados pelo perifíton que vive sobre as plantas. A este respeito, recomenda-se (T.N. Pokrovskaya, 1976) determinar a produção de macrófitas submersas de acordo com três observações cronometradas a 8-9 h, a 12-13 h e a 17-18 h. Durante o período de oito horas observado, as macrófitas submersas, independentemente da sua filiação à espécie, produzem cerca de 70% da taxa diária de matéria orgânica. Apesar da elevada intensidade de trabalho, tais dados são mais representativos do que os resultados obtidos com longos períodos de exposição.

Ao determinar a produção de plantas aquáticas, são normalmente utilizados três vasos (dois claros e um escuro), embora este número seja claramente insuficiente. Mesmo neste caso, é bastante difícil seleccionar plantas do mesmo tamanho e peso com a mesma actividade fisiológica.

Modificação radiocarbónica do método da lesma. O princípio de determinação da produção primária pelo método do radiocarbono baseia-se no pressuposto de que o carbono rotulado (geralmente sob a forma de NaH14CO3) introduzido num isótopo frasco está envolvido na fotossíntese ao mesmo ritmo que o isótopo de carbono não rotulado ^{12C}. Conhecendo a radioactividade do carbono rotulado introduzido em vasos experimentais *(R)*, a radioactividade das plantas rotuladas (r), o teor de dióxido de carbono no reservatório de água sob todas as formas *(Sk)*, é possível calcular o consumo de carbono mineral para o tempo de exposição *(t)*, ou seja, a produção primária *(P)* expressa em unidades de carbono:

$$P = (g\ Cc)\ /R\ t(\text{mg C/l h}).$$

Esta fórmula é utilizada para determinar a produção de fitoplâncton (V.D. Fedorov, 1979; A.P. Sadchikov, 2003).

Em contraste com a modificação do oxigénio do método do frasco, em que a medida da produção primária é o oxigénio libertado durante a fotossíntese, na modificação do radiocarbono, a produção da planta é julgada pela quantidade de dióxido de carbono consumida pela planta durante a fotossíntese. A quantidade de dióxido de carbono assimilado neste caso é calculada pela taxa de consumo de carbono mineral rotulado ^{14C} e o teor total de carbono mineral na água.

Para determinar a produção pelo método de radiocarbono, as plantas limpas do perifíton e lavadas da suspensão (o mesmo que no método do oxigénio) são colocadas em recipientes claros e escuros, adiciona-se uma certa quantidade de NaH14CO3 e expõem-se num tanque.

Se o teor total de carbono mineral na água *(Cg)*, actividade de ^{14C} adicionado ao frasco *(R)*, a quantidade de ^{14C} rotulada assimilada pela planta *(r)* no final da experiência for conhecida, a sua produção *(P)* pode ser calculada através da fórmula:

$$P = r \, Ck / R \, t(\text{mg C/g h})$$, onde: *t*- tempo de exposição

(h); *r*- radioactividade da planta após exposição em termos de peso da amostra (µCi/g); *R*- radioactividade de NaH14CO3 (µCi/g) introduzida no frasco; *Ck*-concentração de carbonatos dissolvidos na água (mg C/l).

Como se pode ver na fórmula acima, falta-lhe o peso da planta experimental e o volume do frasco (em contraste com a fórmula para a produção medida pelo método O2). Isto deve-se ao facto de o cálculo da produção assumir o conhecimento do valor de radioactividade da planta inteira (ou da sua parte), que é recalculado por unidade de massa. A quantidade de etiqueta (NaH14CO3) aplicada ao recipiente é convertida no seu volume.

Apesar da aparente simplicidade do $^{\text{método } 14C}$ para a determinação da massa da produção de plantas aquáticas é severamente limitada por dificuldades técnicas e metodológicas. Portanto, o método de determinação da produção por radiocarbono é utilizado principalmente em estudos experimentais quando se tenta identificar as capacidades potenciais de uma espécie, quando se estuda a influência dos nutrientes no desenvolvimento das plantas, a influência das substâncias tóxicas nos processos de produção, etc.

Apesar das deficiências, os métodos para determinar a produção pela sua biomassa são actualmente considerados os mais bem sucedidos, uma vez que o isolamento de uma planta do seu habitat e dos organismos circundantes não permite obter os valores da sua verdadeira produção no âmbito da biocoenose.

PLANTAS AQUÁTICAS COSTEIRAS NO SISTEMA DE BIOCENOSE AQUÁTICA

As plantas aquáticas costeiras não são apenas uma componente alimentar para organismos de diferentes graus taxonómicos, mas também o seu habitat. A diversidade de espécies de animais em matas de macrófitas é significativamente mais elevada do que na parte aberta do corpo de água; o número e a biomassa de organismos planctónicos e bentónicos também são elevados. As plantas são a superfície para o desenvolvimento do perifíton; além disso, estão interligadas por relações tróficas e metabólicas.

As plantas determinam a composição gasosa da água, o que tem um impacto directo em muitos grupos animais. Peixes de várias espécies desovam em espessuras de plantas aquáticas (sargo, carpa, perca, lúcio, peixe-dourado, carpa prateada, barata, ide, barata, barata, descorado, peixe-branco, ganso, tenca, lombo, lombo de pedra, pikeperch, barata e outros). A engorda de juvenis e adultos que se alimentam de vários invertebrados e algas na vegetação aquática e encontram abrigo de predadores também tem lugar aqui.

Os sedimentos do fundo ricos em restos vegetais são um terreno de reprodução para organismos bentónicos. Os animais bentónicos são um dos mais numerosos grupos de organismos de grande importância ecológica e económica. Consumem matéria orgânica, participam na auto-purificação dos corpos de água, e formam a base para a nutrição da maioria das espécies de peixes e aves aquáticas.

As comunidades vegetais desempenham um papel essencial na vida do zooplâncton e de outros organismos aquáticos. Nas matas, formam-se condições favoráveis de temperatura e gás, que promovem a reprodução e o crescimento intensivo dos animais. As plantas servem de abrigo e protecção fiável contra os predadores. Mais de metade das espécies de ramiópodes (Cladocera) estão de uma forma ou de outra relacionadas com plantas aquáticas costeiras. Desenvolveram adaptações morfológicas, fisiológicas e comportamentais especiais para este fim no decurso da evolução (N.N. Smirnov, 1975). Para a maioria das espécies de aves aquáticas, as matas de plantas aquáticas servem de base alimentar, enquanto as plantas ripícolas servem de locais de nidificação.

A vegetação aquática regula não só a concentração de oxigénio e dióxido de carbono na água, mas também influencia a composição mineral da água, a acidez e outros indicadores, afectando assim o ecossistema. A intensidade dos processos físicos e químicos na espessura das plantas é muito mais elevada do que na parte aberta do corpo de água. Isto é facilitado não só pelas próprias plantas, mas também pelo seu crescimento excessivo (perifíton), bactérias, organismos planctónicos e inferiores.

Para além dos factores ambientais abióticos, a composição e distribuição das plantas aquáticas costeiras são significativamente influenciadas por as suas relações com outros organismos do corpo de água. O estado das massas de água, a diversidade, a abundância de animais que habitam, algas, bactérias e fungos dependem delas. Um enorme número de diferentes invertebrados vive em matas de vegetação aquática, cuja biomassa pode atingir várias centenas de gramas por metro quadrado de superfície de água.

Vegetação aquática e invertebrados. A vegetação aquática costeira desempenha um papel essencial na vida de vários invertebrados (zooplâncton, zoobenthos, animais com incrustações); nas matas formam condições favoráveis de temperatura e gás que promovem a reprodução e o crescimento dos animais. Servem de abrigo e protecção fiável contra predadores. Os sedimentos do fundo, ricos em restos vegetais, são um meio nutritivo para a fauna do fundo. O crescimento moderado das massas de água cria condições favoráveis para o desenvolvimento da fauna fitofílica de invertebrados planctónicos, que encontram condições de vida favoráveis. Uma série de animais utiliza espessuras vegetais submersas apenas durante a postura de ovos, desova, alimentação larvar ou como refúgios.

Os representantes de todos os grupos de invertebrados que habitam corpos de água doce encontram-se em espessuras vegetais: protozoários, moluscos, crustáceos, minhocas, insectos, etc. A maioria deles vive à superfície das plantas ou no fundo.

Os bentos dos corpos de água (organismos que vivem no fundo) consistem em larvas de insectos anfíbios (chironomids e outros grupos de diptera, caddisflies, libélulas, mayflies), oligochaetes, moluscos, crustáceos, etc. Oligochaetes, chironomids e moluscos alcançam o maior desenvolvimento. Destes, oligochaetes e chironomids dominam em número. Estes últimos determinam flutuações sazonais no número de bentos como resultado do voo de insectos adultos (adultos). Moluscos e oligochaetes (ao contrário dos chironomids) são habitantes permanentes das massas de água, o que explica as menores flutuações sazonais da sua biomassa em comparação com a biomassa das larvas de insectos. Moluscos, chironomids e oligochaetes são o alimento de peixes, aves aquáticas, lontras, martas e murrelet que vivem ao longo das margens dos corpos de água.

Também se distinguem os bentos protozoários e bacterianos, cuja biomassa em vários reservatórios é bastante grande, apesar da pequena dimensão dos organismos constituintes.

De acordo com a forma de alimentação, existem fitófagos, filtradores, predadores, necrófagos, safrófagos que são capazes de realizar o ciclo completo do ciclo da substância. Um dos grupos predominantes de bentos é o das larvas de mosquito - chironomids: várias dezenas de espécies dominam. Em anos diferentes prevalecem espécies diferentes na mesma massa de água. Isto deve-se ao facto de que para o desenvolvimento em massa de larvas de uma ou outra espécie é necessária uma combinação favorável de muitos factores ambientais abióticos e bióticos.

Asironomidas desempenham um papel importante na auto-purificação dos corpos de água; não só utilizam matéria orgânica, como também a transportam para fora dos corpos de água quando voam em formas aladas. Há informações de que de 14 a 28 milhões de insectos por 1 ha de superfície de tanques de piscicultura voam para fora, o que corresponde a 37-42 kg de matéria viva em bruto. Em lagos naturais este número é de cerca de 20 milhões de unidades/ha. As quironomidas são responsáveis por mais de 50% dos insectos voados (I.P.Arabina, B.P.Savitsky, S.A. Rydny, 1988).

Um dos grupos mais comuns de bentos de água doce é o dos pequenos vermes de cerdas - oligochaeta. Podem ser encontrados em qualquer corpo de água, mas são mais abundantes no substrato lamacento de água parada e em águas residuais poluídas. Vários oligochaetes (da família Tubificidae) são campeões entre os invertebrados em termos de existência em águas poluídas. Os oligochaetes são numericamente dominantes nos reservatórios de água doce. O número de espécies individuais atinge vários milhares de espécimes por metro quadrado de área. A maioria das espécies são detritófagas. Os vermes das famílias Enchytraeidae, Aelosomatidae, Naididae e Tubificidae vivem na vegetação aquática.

Nos zoobentos, os moluscos ocupam um lugar de destaque. São uma componente essencial da biocenose e desempenham um papel importante na auto-purificação biótica dos corpos de água.

Os gastrópodes ou caracóis são o segundo componente mais diversificado e importante dos macrobentos de água doce depois dos insectos. A maioria das espécies vive em matas de plantas aquáticas. Aqui dominam em termos de biomassa na comunidade. Picos de reprodução em meados do Verão, coincidindo com o desenvolvimento em massa de macrófitas. Os caracóis ocorrem em pequeno número em lagos durante todo o ano, passando de plantas vivas para o fundo durante o período de frio; alimentam-se de plantas em decomposição e de folhagens. No Verão alimentam-se principalmente de alimentos vegetais; mordiscam tecidos vegetais verdes e moribundos, raspam o perifíton ou ingerem partículas de lodo.

As amêijoas reproduzem-se em plantas aquáticas, onde põem ovos; as ninhadas são cobertas com uma casca gelatinosa transparente. Os ovos eclodem em caracóis pequenos (cerca de 1 mm) em forma de casca. As espécies mais pequenas de moluscos gastrópodes vivem durante um Verão, as maiores durante 1-3 anos.

Entre os moluscos, as algas *(Lymnaea stagnalis, L. ovata, L. auricularia, L. truncatula),*physa *(Physa fontinalis),*bulinídeos *(Planorbarius corneus, P. corneus, P. truncatula) purpura,*bobinas *(Anisus albus, A. vortex, A. contortus, Planorbis planorbis, Armiger crista),*bithynia *(Bithynia tentaculata),* shuttlefish *(Valvata* *piscinalis*), *viviparus contectus*), calyx *(Acroloxus lacustris)* e outros. Todos eles vivem na zona das escovas sobre plantas, pedras, troncos, sedimentos. O número de espécies individuais atinge 500 espécimes/m2.

Os bivalves vivem no fundo (sedimentos e areia) na parte aberta dos reservatórios, mas muitas vezes formam grandes agregações em matas esparsas de vegetação aquática ou na borda do seu crescimento. São todos alimentadores de filtros e um poderoso factor de auto-limpeza dos corpos de água. A maioria das espécies (mexilhões pérola, dace *anodonta stagnalis* sem dentes, globefish, mexilhões de ervilha) move-se lentamente ao longo do fundo (permanecendo num estado semi-enterrado). A espécie Dreissena de água doce (*Dreissena polymorpha*) fixa-se sozinha ao substrato (plantas, rochas, areia, estruturas de betão, tubos) com fortes fios de bissus. Esta espécie habita também corpos de água salobra.

Espécies grandes (especialmente a alga pérola (*Unio pictorum, U. tumidus, Crassiana crassa*) são muito exigentes em termos de oxigénio e vivem em corpos de água relativamente grandes e limpos; pequenas algas *(Pisidium amnicum, Euglesa obtusalis)* e glóbulos (*Sphaeriastrum rivicola, Sphaerium nucleus, Musculium creplini*) são encontradas em toda a parte.

Os insectos constituem a maior parte (por número de espécies) da macrobentos de água doce e muitas vezes dominam as comunidades de fundo em número e biomassa. Habitam matas de todos os tipos de corpos de água. O ciclo de vida dos insectos inclui ovos adormecidos, larvas e fases adultas. A larva, à medida que cresce, molesta periodicamente, isto é, solta a pele velha e perdida, e cresce a salto e salto, de muda para muda. Alguns insectos têm uma fase intermédia entre larvas e imago - geralmente sedentários, não se alimentam e passam por transformações internas complexas.

Crustáceos   *(Crustacea)- um* grande grupo de invertebrados, incluindo tanto grandes formas de fundo como pequenas espécies que habitam a coluna de água e o fundo dos corpos de água. Em água doce, os crustáceos são os mais diversos na composição do zooplâncton. Dos crustáceos planctónicos, várias espécies dos grupos *Cladocera, Salanoida e Cyclopoida* ocorrem nos matos: *Chydorus sphaericus, Sida crystallina, Diaphanosoma brachyurum, Polyphemus pediculus, Bosmina obtusirostris, Scapholeberis mucronata, Eudiaptomus gracilis e Mesocyclops leuckarti.*

Cerca de 100 espécies de crustáceos fitofílicos estão registadas em matos vegetais. O número de espécies separadas de crustáceos atinge 40 mil espécimes numa alga de lago. Os crustáceos em plantas submersas são os mais ricamente representados; o seu número atinge mais de 20 mil espécimes/kg de plantas. *Sida crystallina, Simocephalus vetulus, Chydorus sphaericus, Pleuroxus trunkatus* (L.V. Lomakina, 1980) são os mais abundantes.

Entre os crustáceos entrincheirados, existem espécies flutuantes livres e facultativamente planctónicas (isto é, habitação vegetal). Estes últimos incluem o anfípoda (*Gammarus*), que habita a vegetação aquática a uma profundidade de cerca de 1m; em alguns corpos de água torna-se muito frequentemente a espécie planctónica dominante por massa (O.V. Kozlov, A.P. Sadchikov, 2002).

Em espessuras densas de plantas de água costeira (sedimentos, caudas de cavalo, canas, rabo de gato, rebarbas, junco) há uma acumulação de resíduos em decomposição no fundo. Isto leva à deterioração dos habitats animais, o que reduz drasticamente a diversidade das suas espécies. Os burros de água, oligochaetes, bermudas pulmonares são encontrados em tais espessuras em grande número.

PAPEL TRÓFICO DAS PLANTAS AQUÁTICAS COSTEIRAS

A vegetação aquática costeira é utilizada como alimento por animais de diferentes grupos sistemáticos - vermes, gastrópodes, crustáceos, insectos, peixes, aves e mamíferos.

As plantas aquáticas, bem como a vegetação terrestre, fornecem energia para todos os elos tróficos da cadeia alimentar da zona litoral dos corpos de água. Os hidrobiontes consomem não só partes vivas de plantas, mas também partes mortas de plantas. Além disso, estes últimos são decompostos por bactérias, fungos e protozoários, e juntamente com os detritos são utilizados por vários detritóforos.

A importância e o papel das plantas aquáticas nos troféus das comunidades costeiras está actualmente fora de dúvida (Gaevskaya, 1966), mas no início do século XX existia uma visão diferente. Acreditava-se que os animais que habitavam a mata os utilizavam apenas como habitat e as interacções tróficas directas eram extremamente insignificantes. Pensou-se mesmo que a substituição das plantas por estruturas vítreas da mesma forma e superfície não teria muito efeito na estrutura das biocenoses costeiras. Ao mesmo tempo, o principal factor que determina a diversidade de espécies e o tamanho da população de matas é o grau de divisão da superfície foliar das plantas aquáticas.

Contudo, outros estudos refutaram esta opinião errónea. A superfície total de plantas aquáticas tem sem dúvida uma grande influência nos animais que aí vivem, mas o seu papel como produtores de matéria orgânica é importante não só no trófico litoral, mas também no corpo de água como um todo. As plantas aquáticas costeiras são um elemento importante da cadeia alimentar, uma vez que não há espécies que não sejam utilizadas para alimentação por um ou outro organismo aquático.

A monografia de N.S.Gaevskaya (1966) apresenta um material generalizado sobre o papel trófico da vegetação costeira-água. O autor nota 314 espécies de plantas aquáticas e pantanosas, que são consumidas por animais aquáticos, e acredita que estes valores são subestimados. As plantas registadas pertencem a três agrupamentos ecológicos: 1) plantas submersas na água; 2) plantas flutuantes na superfície da água; e 3) plantas semi-submergidas na água. Este último grupo inclui não só plantas cujo sistema radicular está na água, mas também plantas, locais húmidos e excessivamente húmidos.

O estabelecimento da composição das espécies de plantas forrageiras fornece os dados necessários para destacar o lado qualitativo do problema em estudo. No entanto, isto ainda não é suficiente para caracterizar a importância das plantas na alimentação animal. Para tal, é necessário conhecer o lado quantitativo deste processo, para distinguir as plantas amplamente utilizadas na alimentação e as plantas que desempenham um papel mais modesto no trófico dos animais aquáticos.

A importância de grupos individuais de plantas aquáticas na alimentação animal varia. Existe um número significativo de espécies vegetais que servem de base de nutrição para muitas espécies de animais aquáticos. Ao mesmo tempo, foi identificado um pequeno grupo de plantas, incluindo algumas espécies de massa com uma ampla distribuição geográfica, que estão mal incluídas no ciclo trófico dos corpos de água na sua forma viva.

Na zona da mata, para além das relações tróficas entre plantas e animais, existem outras igualmente importantes - a utilização de plantas como habitat, substrato para a postura de ovos, como abrigo e material de construção. Assim, a planta deve ser multifuncional, de modo a satisfazer as necessidades dos animais. Afinal de contas, uma larva que emerge de um ovo posto numa planta permanece normalmente para viver e alimentar-se dela.

Muitas centenas de espécies animais diferentes estão associadas a plantas aquáticas costeiras (Pashkevich e Yudin, 1978). Por exemplo, 85 espécies de diferentes animais têm ligações alimentares com canaviais (invertebrados e vertebrados). O número de tais ligações para palhetas de palhetas de bardana atinge 65. A rabo-de-gato de folha larga está troficamente ligada a 56 espécies, rabo-de-gato de folha estreita - com 16, aranha de plátano - com 34, e araruta - com 25 espécies. Os contactos nutricionais dos organismos aquáticos com as algas de lago são excepcionalmente diversos. Existem 51 espécies de animais troficamente relacionadas com as algas flutuantes, 35 com as algas brilhantes, 34 com as algas com folhas de prongo, e 19 com as algas pectinatos. A biomassa animal em matas de algas é a mais elevada em comparação com outras comunidades vegetais; atinge 500 g/m2 ou mais.

Outras plantas submersas e flutuantes não são menos importantes para os animais. Urula alimenta-se de 53 espécies, rabo de gato de 42 espécies, trigo sarraceno anfíbio de 29 espécies e caddisflies de 24 espécies (Pashkevich e Yudin, 1978).

Os consumidores activos de plantas aquáticas são **nemátodos** parasitas *(Nematoda) que* "minificam" folhas, caules, raízes e rizomas de plantas e se alimentam dos seus tecidos. Os nematódeos destroem células vegetais com um forte estilete oco, através do qual sugam o seu conteúdo. O estilete também serve para mover os nematódeos dentro do tecido vegetal. Alguns dos nematódeos comedores de plantas, tais como as espécies do género *Heterodera,* submergem a extremidade anterior do seu corpo em tecido vegetal, enquanto o resto permanece fora. Nos nematódeos biliares do género *Meloidogyne, as fêmeas* penetram nas plantas para formar raparigas de cujas células se alimentam. Os nematódeos habitam biótopos diferentes e caracterizam-se por amplas preferências alimentares; não há plantas de que não se alimentem.

Os moluscos *(Mollusca, Gastropoda)* constituem uma parte significativa da população de massas de água interiores. A maioria deles vive em zonas costeiras entre a vegetação aquática. Em espessuras, dominam muito frequentemente em termos de biomassa, embora em número sejam inferiores aos organismos mais pequenos. Reprodução e abundância de picos de gastrópodes no Verão, coincidindo com o desenvolvimento maciço de macrófitas.

Os moluscos são omnívoros (comem animais, plantas e organismos em decomposição), mas preferem alimentos vegetais; mordiscam tecidos vegetais verdes e em decomposição e raspam as microalgas. Os gastrópodes reproduzem-se em plantas aquáticas, depositando grandes ninhadas de ovos cobertos de casca gelatinosa. Os mexilhões não têm larvas, mas pequenos (cerca de 1 mm) caracóis com casca já se desenvolvem a partir dos ovos. Alimentam-se de perifíton e, quando crescem, passam a alimentar-se de plantas vivas.

O papel dos moluscos na alimentação das plantas aquáticas não é o mesmo. Algumas delas *(Melanopsis dufouri, Limnaea stagnalis, L. columella, Galba palustris, Radix pereger)* comem plantas vivas, outras *(Radix ovata, R. auricularia, R. lagotis, Physa acuta)* têm partes mortas (sedimentos) predominantes na sua dieta, e as partes vivas são como se fossem alimentos adicionais. Na terceira espécie, prevalece na dieta o perificton fouling.

Quando se alimentam dos componentes em decomposição das plantas, as bactérias, fungos e algas são de grande importância, o que aumenta o valor calórico deste tipo de alimentos. Os moluscos em alguns casos consomem perifíton, algas filamentosas, limo, bem como material alóctonc - folhas de árvores e arbustos.

Os moluscos são selectivos em relação a diferentes tipos de alimentos. As plantas preferidas para a maioria dos moluscos são as algas de lagoa, as algas cussock, bryophytes, araruta, seguidas por telores, pântanos esquece-se de mim e outras. Ao mesmo tempo, alguns moluscos rejeitaram elodea, burdockhead, vodkras. A artemísia e algumas outras plantas foram voluntariamente comidas por alguns moluscos, enquanto outras foram rejeitadas.

As atitudes positivas e negativas dos moluscos em relação a certas plantas estão longe de ser elucidadas em todos os casos. Sem dúvida, o grau de acessibilidade mecânica dos tecidos à rádula desempenha um papel importante na selectividade. Acredita-se que o consumo de plantas pelos moluscos depende em grande parte das propriedades mecânicas dos seus tecidos; os animais são principalmente 76 comer as plantas que são susceptíveis à acção da rádula e das mandíbulas. Aparentemente, factores como a qualidade alimentar das plantas, presença de compostos químicos protectores, odores e outras características das plantas também são importantes. Algumas plantas são muitas vezes incrustadas com uma crosta de cal. Isto também afecta a sua comestibilidade. Embora as amêijoas sejam na sua maioria herbívoras, a alimentação animal (na maioria das vezes carcaças) é essencial na sua dieta.

O molusco comum do lago *(Limnaea stagnalis)* come cerca de 40 espécies de plantas aquáticas costeiras pertencentes a 20 famílias. Com base na anatomia e morfologia das partes da boca e do sistema digestivo, este molusco é adaptado para se alimentar tanto de plantas moles como duras. As partes vegetais que morrem são um dos principais componentes alimentares das algas de lago no ambiente natural. Os moluscos de lago em corpos de água consomem activamente araruta, algas de lago, algas cussock, telores, pinho de água. No entanto, algumas espécies disseminadas (como o nenúfar, a cauda de gato, o trigo sarraceno anfíbio, a elodea) praticamente não foram consumidas. Ao mesmo tempo, em experiências de laboratório, as algas de corpos de água da região de Moscovo consumiram todas essas plantas, que foram rejeitadas por elas em condições naturais. Assim, a capacidade alimentar das plantas depende, em grande medida, das condições do seu crescimento. Assume-se que estas plantas em corpos de água contêm substâncias que as tornam impróprias para a alimentação (Tsikhon-Lukanina, 1987).

As bobinas *(Coretus corneus, Planorbarius corneus, Planorbis planorbis, Anisus vortex, Gyraulus albus)* comem bem caddis, e esta planta macia e tenra domina sempre na sua dieta. Um pouco menos consumidos são as algas de lago, não me esqueça, trigo sarraceno anfíbio, rabo de gato, elodea, enquanto que a bardana não é de todo utilizada como alimento. Estas amêijoas (especialmente juvenis) são largamente detritófagas; lodo, algas e resíduos vegetais em decomposição formam a base da sua dieta. Na sua ausência, estas amêijoas começam a consumir plantas vivas.

Physas *(Physa fontinalis)*de Rybinsk Reservoir comem algas filamentosas verdes e vegetação aquática (alga de lago, turco, policórnea.

Os mexilhões *(Viviparus contectus)* são moluscos comedores de plantas prejudiciais; consomem lodo, algas, tecidos vegetais aquáticos e material vegetal alóctone. Em experiências, os vivíparos consumiram activamente algas, teloresis, esquece-me, não, turquesa dos pântanos, e ao mesmo tempo rejeitaram a elodea, a cauda de gato, a alga dos montes, o trigo sarraceno anfíbio, o cupping, o agrião, e a bardana.

Assim, as diferentes espécies de moluscos têm as suas próprias preferências alimentares. As plantas com folhas macias e delicadas são favorecidas; as plantas duras e com incrustações de calcário foram muito pior consumidas. No entanto, o grau de acessibilidade mecânica destas plantas aos moluscos, qualidades alimentares, cheiros e outras adaptações protectoras não pode ser ignorado.

Entre os **crustáceos inferiores** *(Entomostraca)*, **a** alimentação de plantas aquáticas vivas encontra-se nos crustáceos comedores de folhas *(Apus cancriformis)* e crustáceos de conchas (ostracods). Os xilodramas comem folhas jovens de plantas aquáticas. Há casos de desenvolvimento maciço do Shieldworm nos arrozais, onde causa grandes danos às culturas ao comer rebentos de arroz.

Os Ostracods têm aparelhos que roem e comem não só algas filamentosas resistentes *(Cladophora)*, mas também folhas de plantas aquáticas. Raspam o tecido mole da folha, deixando apenas as veias intactas. Algumas espécies desenvolvem-se em massa no início da Primavera em piscinas temporárias de planície de inundação; no início comem folhas caídas, mas mais tarde passam a alimentar-se de tecidos de plantas aquáticas.

Dos **crustáceos isópodes**   *(Isopoda)*   -
Uma espécie comedora de plantas é o burro de água *Asellus aguaticus*. Os principais alimentos desta espécie são partes de plantas mortas (incluindo folhas caídas de árvores), e entre as vivas - rabo de gato, musgos, bogweed. Este carácter de alimentação é causado pelo confinamento deste crustáceo ao biótopo costeiro de folhas caídas, onde se desenvolve em grandes quantidades.

Do *Amphipoda de* água doce*, o* comportamento alimentar do Gammarus *pulex recebeu a maior* atenção, em grande parte devido ao seu cultivo como alimento para peixes. É salientado que *G. pulex* é predominantemente um herbívoro. A predominância de plantas aquáticas vivas na dieta deste crustáceo é notada. Cattleya, cattail, elodea, e musgos são indicados como plantas favoritas. Muito frequentemente o pólen de pinheiro é encontrado no meio do intestino, que entra na água durante a floração e é depositado nas plantas. As plantas mortas desempenham um papel significativo na nutrição do gammarus apenas no caso de uma deficiência de plantas vivas.

O *Carinogammarus* robustus distribuído na Europa depende *também da* alimentação vegetal (tecido vegetal vivo e folhas caídas).

O espectro alimentar do *Gammarus lacustris*, difundido nos corpos de água da Europa e da Ásia, é extremamente diversificado; inclui algas unicelulares, filamentosas e hirsute, musgos, corydis, urula, e cattail. Consomem-nos vivos e mortos (Kozlov e Sadchikov, 2002). Em *G. lacustris,* dos lagos da Sibéria, uma parte significativa do conteúdo intestinal juntamente com algas e detritos são tecidos de plantas aquáticas tais como corydis, elodea, khara, liverwort, sphagnum, urucha, vesicularis, etc. O papel das plantas na nutrição gammarus é especialmente importante de Outubro a Abril, período durante o qual também comem activamente partes mortas da vegetação rígida (junco, rabo de gato e junco). Durante o Verão, juntamente com as plantas, o gammarus também consome alimentos para animais (esponjas, crustáceos, larvas de insectos, minhocas). Tem havido casos de gammarus a consumir peixe morto em redes.

Os **lagostins de rio** *(Astacus astacus)* também se alimentam exclusivamente de plantas aquáticas, embora em tempos se tenha acreditado que são zoófagos e que as plantas são um alimento companheiro. As principais plantas alimentares são algas, rabos de gato, caules de caniço, musgos e urticária. Utilizam plantas vivas e mortas como alimento. O aparelho da boca dos lagostins de rio permite-lhes comer não só rebentos macios de algas, geruleaf, urucha, e musgos, mas também plantas incrustadas com cal, tais como a cornelwort, hirsute e elodea. Os lagostins também utilizam partes mais calóricas das plantas como alimento - rizomas em pó de ninfas, canas, juncos e rabos de gato. Os lagostins consomem plantas mortas principalmente no Inverno. Durante este tempo são pouco activos, mas periodicamente precisam de ingerir alimentos. A alimentação animal encontra-se muito raramente nos estômagos dos lagostins, principalmente durante o desenvolvimento em massa dos zoobentos. Os lagostins aumentam o consumo de alimentos animais (insectos, moluscos, carcaças) durante os períodos de aumento do consumo de energia (durante o acasalamento, a molhagem, o crescimento de juvenis, após a fome).

Os **camarões de água doce** *(Leander modestus, Palaemonetes sinensis, Palaemon superbus)* do Lago Khanka alimentam-se principalmente de restos de plantas mortas e detritos. A alimentação animal constitui apenas uma pequena parte da dieta. Estes crustáceos são promissores para a aclimatação em corpos de água como alimento para peixes.

Os **insectos** constituem uma parte significativa da população animal dos corpos de água doce. Os insectos e as suas larvas excedem outros grupos de animais aquáticos no número de espécies e biomassa. A vida de uma parte considerável dos insectos está ligada à vegetação costeira, entre a qual se desenvolvem e se alimentam.

As larvas das **mayflies** *(efeméroptera) são* frequentemente dominantes em termos de massa nos bentos dos corpos de água. A maioria das mayflies que vivem no meio de matas de plantas aquáticas são herbívoras - utilizam plantas vivas, lixo de plantas e detritos como alimento. *Cloeon dipterum, Ephemerella ignita, Heptagenia sulphurea, Blasturus cuidus* têm sedimentos, algas, cornos, musgos, elodea, bardana e outras plantas superiores. Em todos os casos, muitas espécies de mayfly, juntamente com plantas vivas, comem folhas semi-decompostas e caules de muitas plantas aquáticas, perifíton e allochthonous leaf litter. Não foi praticamente encontrado alimento animal nos intestinos das larvas de mosca mayfly. Em experiências, as moscas maias comeram cadáveres de pequenos animais e rejeitaram animais vivos.

Homoptera *(Homoptera)* **estão relacionados** com partes acima da água de plantas aquáticas superiores. Entre os Homoptera não há espécies que sejam verdadeiramente aquáticas, mas entre elas existe um grupo bastante grande de espécies higrófilas associadas a ligações tróficas com plantas aquáticas. Por conseguinte, poderiam ser incluídos como parte da população de pântanos de água doce. Estas espécies podem ter um impacto significativo na espessura das plantas ripícolas.

Muitas espécies homopteranas são fitofágicas, sugando seiva dos tecidos de partes de plantas acima da água, com muitas delas utilizando uma vasta gama de plantas aquáticas pertencentes a diferentes famílias. Contudo, entre eles existe um pequeno grupo de afídeos que permanecem nas partes subaquáticas das plantas ou no solo durante uma parte significativa do seu ciclo de vida. Há espécies que vivem na parte inferior das folhas de lírio e em caddisflies. Multiplicando-se rapidamente e formando numerosas populações, podem ter uma forte influência nas plantas aquáticas e na sua dinâmica de produção de matéria orgânica.

A maioria das espécies aquáticas **de insectos semi-parasitas** *(Heteroptera)* são predadores. As espécies comedoras de plantas são uma excepção entre elas. Entre elas três espécies *(Aelia acuminata, Eurygaster testudinarius, Eusarcoris inconspicuus)* são típicos higrófilos. Estão disseminados em biótopos aquáticos e são consumidores de plantas jovens, incluindo o arroz. Algumas espécies de insectos de cama, juntamente com plantas terrestres, alimentam-se de folhas e sementes de rabo de gato.

N.S. Gaevskaya (1966) menciona 117 espécies de **besouros (Coleoptera***) pertencentes** a 45 géneros e 5 famílias, que se alimentam de plantas aquáticas (112 espécies de plantas aquáticas e de zonas húmidas). Este grupo de insectos é um dos numerosos que têm um grande impacto na vegetação aquática.

Muitas espécies **da família *Dytiscidae*** (cerca de 2.000 espécies) são habitantes da zona da mata. A maioria dos escaravelhos flutuantes são predadores. Contudo, em experiências estes escaravelhos consomem juntamente com nitratos alimentares animais *(Cladophora, Spirogira),* chifre, wallisneria, enquanto elodea 80 e urula rejeitada. Assim, muitas das praças são espécies com um tipo misto de alimentação. **Moscas-d'água** - *Hydrophilidae*, tal como as moscas-d'água que choram, são habitantes comuns da zona dos arbustos. Contam cerca de 1700 espécies. Os adultos alimentam-se principalmente de plantas e detritos, enquanto que as larvas têm um estilo de vida predatório. Experiências com o grande nenúfar *(Hydrous piceus)* mostraram que, juntamente com a comida animal, consome mannix, rabo de gato e, em menor medida - wallisnerea e chasta. Não consome Elodea e Urula, mesmo na ausência de outros alimentos.

A vasta família **dos escaravelhos foliares** *(Chrysomelidae)* consiste inteiramente em espécies herbívoras, a maioria das quais são oligo- ou monofágicas. As subfamílias *Halticinae, Cassidinae, Chrysomelinae, Galerucinae, Donacinae, Criocerinae estão* troficamente relacionadas com plantas de águas costeiras.

Os representantes das três primeiras subfamílias são habitantes de pântanos e locais altamente húmidos. Devoram activamente plantas pantanosas. As larvas são altamente vorazes; comem cerca de 170% do seu peso corporal por dia. A dieta de outras espécies representa cerca de 250% do seu peso corporal. Os escaravelhos geralmente não voam muito, estando na sua maioria em folhas. As larvas e besouros alimentados são seguidos por uma pluma de fezes abundantes. Os animais assimilam apenas uma pequena porção do material comido. O conteúdo das fezes é de cor verde, indicando uma ingestão alimentar excessiva e, consequentemente, um grande impacto sobre a comunidade vegetal.

A subfamília Galercinae inclui espécies que habitam lagos, lagoas e reservatórios. As plantas com folhas flutuantes são de importância predominante na sua alimentação; as plantas semi-submergidas são de importância subordinada. Os ovos são colocados nas folhas; larvas e besouros alimentam-se de folhas da mesma planta; a pupa também ocorre aqui.

Representantes da família **das íris** *(Donacinae)* mostram vários graus de adaptação à vida no meio aquático. Entre elas há espécies que vivem em partes acima da água das plantas e descem à água apenas para pôr ovos em partes subaquáticas das plantas; para respirar transportam uma bolha de ar na superfície abdominal coberta de pubescência. Outras espécies não entram na água e põem ovos nas partes das plantas acima da água. Juntamente com estas, há espécies cujos adultos são verdadeiros habitantes aquáticos. As suas larvas utilizam o ar das cavidades de plantas que transportam o ar para respirar. A sua cacação ocorre debaixo de água.

As larvas dos besouros arco-íris vivem geralmente na água, em caules e folhas de plantas. Cada espécie (escaravelhos e larvas) alimenta-se normalmente da mesma espécie vegetal.

As espécies de joaninhas arco-íris podem ser divididas em quatro grupos com base nas plantas que consomem. O primeiro grupo inclui espécies que se alimentam de plantas semi-submergidas. O segundo grupo inclui espécies que se alimentam de plantas aquáticas com folhas flutuantes, o terceiro grupo inclui espécies que se alimentam de plantas totalmente submersas em água, e o quarto grupo inclui espécies que se alimentam de plantas de dois ou três dos grupos acima mencionados.

Os escaravelhos alimentam-se de folhas e pólen de plantas de águas costeiras, e algumas espécies estão estritamente confinadas a certas plantas. Por exemplo, o *Donacia cassis é encontrado* em folhas de lírios e mexilhões; o *D. clavipes é encontrado* em canas; *D. dentata* em araruta; *D. versicolaria* em folhas de algas; *D. semicuprea em* folhas de mannik; *D. aquatica* em sedge e bardana; *D. tomentosa* em folhas de susak.

Da família rica em espécies **de gorgulhos, os *Curculionidae,*** um número significativo de espécies são habitantes típicos das plantas aquáticas costeiras, em cujos tecidos se desenvolvem e passam a pupas. Os adultos vivem principalmente em partes submersas das plantas, e alguns deles vivem em folhas flutuantes. Gaevskaya (1966) apresentou uma lista de 45 espécies de plantas que servem de alimento para os gorgulhos, em primeiro lugar, as algas-arbóreas, as algas de lago, os urticados, os sedimentos, o bulrush, a cauda de gato, o trigo sarraceno anfíbio, etc.

Os gorgulhos comem principalmente partes submersas de plantas semi-submersas, e apenas um pequeno número de espécies se alimenta de partes acima da água das plantas e, em particular, de inflorescências de rabo de gato. As larvas da maioria das espécies são minhocas; fazem buracos em caules e rizomas de plantas e comem os seus tecidos moles. Assim, *larvas* do género *Bagousliches* vivem em caules de cavalinha, Teleresae, Mannika; no género *Hydronomus vivem* em partículas de plátano; *Tanysphyrus lemnae desenvolve-se* em caddis; *Grypus* equiseti-on horsetail; *Icaris sparganii* - em bur-reed; *Phytobius comari* - em cinquefoil.

Os **dípteros são** um dos mais numerosos grupos de insectos que vivem em corpos de água doce. As larvas de muitas espécies são habitantes de matas costeiras onde servem de alimento para muitos peixes.

Entre os bivalves foram identificadas 148 espécies, cujas larvas (e em alguns casos adultas) estão troficamente associadas a plantas aquáticas. Entre elas cerca de 100 espécies são fitofagos obrigatórios. Para os insectos de duas asas 88 espécies de plantas aquáticas, das quais estes insectos se alimentam, estão indicadas. Três famílias são as mais abundantes: *Chironomidae* 71 espécies, *Agromizidae* 26 espécies e *Ephydridae* 22 espécies. Mais de metade das espécies de insectos estão associadas principalmente a plantas semi-submergidas. Um número muito menor de espécies de dípteros está associado a plantas com folhas flutuantes e plantas totalmente submersas em água, 21 espécies e 18 espécies, respectivamente (Gaevskaya, 1966).

A maioria das larvas levam uma vida aquática e utilizam como alimento as partes submersas tenras e mecanicamente acessíveis das plantas semi-submersas. Além disso, a presença de partes destas plantas acima da água permite que os insectos adultos as utilizem para a plantação, postura de ovos, etc.

Em algumas espécies, a fase larval ocorre nos entrenós das plantas, onde as larvas comem o parênquima e os feixes vasculares. A sua actividade leva à formação de galinhas, ao amarelecimento das folhas e à paragem do crescimento. Outros extraem as folhas e caules vivos das plantas, causando danos graves. Exploram entre as duas camadas epidérmicas de folhas, devorando a mesofila. À medida que as larvas crescem, devoram a mesofila e a epiderme do lado superior da folha, deixando a epiderme do lado inferior intocada. Por vezes, comer tecido foliar é tão completo que a folha inteira ou a sua parte é esqueletizada, e apenas restam veias mordiscadas. As larvas da maioria das espécies comem 5-6 vezes mais alimentos por dia do que as próprias larvas.

A fase larval **de Trichoptera está associada ao** ambiente aquático e dura pelo menos um ano. A vida adulta de um inseto é muito curta, em algumas espécies é completamente efémera. Em algumas espécies, as larvas adultas perderam a sua capacidade de voar. Consequentemente, os insectos naturais são mais aquáticos do que terrestres. As suas larvas constituem uma parte significativa da população de corpos de água e são uma fonte de alimento para os peixes. Entre as serpentinas existe um grande grupo de insectos que se alimentam de plantas aquáticas. Há provas de ingestão de cerca de 40 espécies de plantas aquáticas, na sua maioria submersas. Em muitas espécies dos escaravelhos do ribeiro observa-se um tipo misto de alimentação; eles comem plantas, detritos, animais. Outros alimentam-se principalmente de plantas vivas - rabo de gato, algas, musgo, ninfas, ranúnculos, sedimentos, elodea, cladophora, urticária, etc. A vegetação dura (rabo de gato, cana, etc.) não é utilizada como alimento pelas larvas do ribeiro.

À medida que crescem, as larvas sobem nos caules das plantas onde se alimentam delas. Este processo continua até ao final do Outono. Nesta altura começam a alimentar-se de folhas moribundas. No Inverno, sob o gelo, as larvas mudam para se alimentarem de animais, plantas mortas e detritos.

As plantas não são utilizadas apenas como alimento, mas também para a construção dos seus alojamentos. A maioria das larvas têm como alimento principal alimentos vegetais, enquanto que os animais são consumidos em pequenas quantidades. As larvas, quando aparecem em grande número, podem ter uma forte influência sobre a espessura vegetal submersa.

As **borboletas ou Lepidoptera** são um grande grupo, todos os adultos e quase todas as larvas (lagartas) das quais são terrestres; apenas algumas espécies têm larvas aquáticas. Todas as espécies de lagartas aquáticas vivem em densas matas de plantas aquáticas, alimentam-se de partes verdes e muitas vezes constroem elas próprias uma casa tubular solta de pedaços de folhas. Vivem em 78 espécies de plantas, na sua maioria semi-submergidas.

As lagartas que consomem apenas partes acima da água das plantas não diferem das suas homólogas terrestres, mas estando de vez em quando expostas à água, mostram uma maior resistência à mesma. Consomem canas, caudas de gato, sedimentos e outras espécies de plantas costeiras. Afetando apenas as partes da planta acima da água, incluindo os órgãos reprodutores, as lagartas afectam a planta inteira.

As lagartas, que se alimentam de partes acima e debaixo de água das plantas semi-submersas, respiram ar atmosférico e, quando se alimentam de partes subaquáticas das plantas, sobem periodicamente à superfície para renovar o ar nas traqueias ou utilizam-no das cavidades de ar das plantas. Os períodos de permanência debaixo de água variam de espécie para espécie; em algumas espécies são contados em dezenas de minutos.

Assim, na maioria das espécies *de Lepidoptera,* cujas lagartas estão associadas a vegetação semi-submersa, o papel principal na alimentação é desempenhado por plantas rígidas: cana, rabo de gato, junco. Aqui tem um amplo distribuição de um estilo de vida picado. As lagartas, extraindo os caules assim como os rizomas, folhas e raízes, alimentam-se não dos seus tecidos externos duros mas sim dos mais delicados interiores. Para penetrá-las, as lagartas só precisam de fazer um pequeno furo nos tecidos duros. A actividade de alimentação das lagartas tem um efeito destrutivo não só em plantas individuais, mas também em matas inteiras. As plantas danificadas pelas lagartas não resistem aos danos causados pelo vento e ficam alojadas.

Os **peixes** *(Peixes)* que consomem plantas em maior ou menor grau estão divididos em três grupos:
- Fitofagos obrigatórios. As plantas aquáticas costeiras têm uma importância excepcional ou predominante na sua dieta;
- Os peixes omnívoros são eurífagos, com plantas mais altas com igual importância para a alimentação animal na sua dieta;
- Peixe omnívoro, em cuja dieta as plantas superiores desempenham o papel de alimento suplementar.

É de notar que as fronteiras entre estes grupos de peixes são arbitrárias.

O primeiro grupo inclui sete espécies de peixes da família *Cyprinidae.* Entre estas espécies, a forma mais pronunciada de fitofagia obrigatória encontra-se no amur branco, *Cienopharvngodon idella. Os* seus juvenis consomem pequenos animais plâncton nas primeiras fases de desenvolvimento, e um pouco mais tarde mudam para a fitofagia; comem tanto plantas submersas como terrestres. Os adultos são peixes puramente herbívoros. O Amur é capaz de viver não só em água doce mas também em água salobra - até $10-12\%_{()}$.

O amur branco come melhor alga, rabo de gato, rabo de gato, elodea, musgo, rebentos jovens de rabo de gato e cana, ao mesmo tempo que um número de plantas não são utilizadas como alimento. Tais plantas incluem lírio de água, mullein, bardana, trigo sarraceno anfíbio, pimenta de água, copos de manteiga de água, grandes espécimes de rabo de gato, junco e cana. Contudo, existem outros relatórios; o amur branco é capaz de partir a cana alta puxando as suas folhas para baixo na água e comer a parte de ápice macia do caule. A cana, que é mais macia que a cana, é rachada por ela na base do mato e é comida inteira depois de cair na água. O amur branco é capaz de se alimentar de plantas terrestres durante as cheias e as altas águas paradas.

Em experiências realizadas em várias massas de água - refrigeradores de centrais térmicas, foi também observada uma atitude selectiva de amur branco para as plantas. Das 22 espécies de plantas aquáticas costeiras, algas, rabo de gato, elodea, cussockweed, sapo, azevém dos pântanos, rabo de gato e junco foram as primeiras a serem comidas. Por outro lado, bryophytes, sedimentos, vallisneria, calos, plantas anfíbias de nós, juncos e uma série de outras plantas não foram comidas por carpas herbívoras (Verigin et al. 1963; Nikolskii et al. 1979).

O amur branco é muito voraz; quando alimentado com vegetação aquática macia (sapo, alga de lago, chifre, elodea, lentilha-de-água) as dietas diárias atingem 100-150% do peso corporal do peixe. O amur branco tem um intestino mais curto do que outros peixes fito-fágicos, pelo que, para satisfazer as suas necessidades nutricionais, têm de passar pelo tracto digestivo uma maior massa de vegetação. Por exemplo, o comprimento do intestino do amur é apenas ligeiramente superior a 2 vezes o comprimento do corpo do peixe, enquanto que para a carpa prateada é mais de 10 vezes o comprimento do peixe. Como resultado, a carpa herbívora tem um poderoso impacto na espessura das plantas aquáticas costeiras e envolve este tipo de produção primária no ciclo trófico. Deve também notar-se que uma parte significativa do material vegetal absorvido pelo amur é excretado de uma forma mal digerida. De acordo com N.S. Stroganov (1963), a quantidade de fezes excretadas pela população de amur branco por estação atingiu 700-1000 kg/ha em tanques de piscicultura da região de Moscovo. A matéria fecal é uma boa componente alimentar e está disponível para utilização por organismos bentónicos, incluindo peixes. Isto cria um pré-requisito para o aumento da produção de muitos invertebrados alimentares, principalmente larvas de mosquito-tolkunts (traças), um alimento valioso para peixes bentónicos. Tudo isto torna os peixes fitofágicos alvos promissores de assentamento artificial e de várias formas de desenvolvimento económico.

A alta voracidade tornou possível a utilização da carpa herbívora para controlar o crescimento excessivo de corpos de água com vários fins - tanques de piscicultura, canais de irrigação, reservatórios, sistemas de drenagem, e tanques de arrefecimento de centrais térmicas e nucleares.

A brema branca *(Parabramis pekinensis), a* brema preta *(Megalobrama terminalis)* e a espinheira *(Acanthorhodeus asmussi)* também mudam para comida vegetal após a fase larval. Na estrutura do tracto digestivo da dorada branca há uma série de características características dos peixes herbívoros; o comprimento do intestino é de 220-430% do tamanho do corpo de peixes de diferentes idades. Durante a vida da brema branca, ocorre uma transição de alimento animal para alimento vegetal. Isto está associado a um aumento do comprimento do estômago à medida que o peixe cresce. O tamanho do intestino do lombo espinhoso é de 580% do seu comprimento corporal. O seu alimento principal são algas incrustadas e vegetação aquática costeira. A alimentação animal nestas espécies de peixes é muito raramente encontrada no tufo alimentar.

O cantarilho *(Scardinius erythrophthalmus)* é um peixe cuja dieta é dominada pela alimentação vegetal (plantas superiores, algas filamentosas, perifíton) sobre a alimentação animal. Os alevins alimentam-se principalmente de comida animal, e a partir da idade de dois anos este peixe começa a preferir comida vegetal.

Para peixes omnívoros, com uma vasta gama de nutrição e composição de alimentos incluem ide *(Leuciscus idus)*, chub *(Leuciscus cephalus)*, tenca *(Tinca tinca)*, barata *(Rutilus rutilus)*, barata do Cáspio *(Rutilus rutilus caspicus)*, carpa *(Cyprinus caprio)* e várias outras. Na sua dieta, a alimentação vegetal aquática não é menos importante do que a alimentação animal.

O terceiro grupo de peixes, para o qual as plantas aquáticas costeiras desempenham um papel de alimento adicional, pode incluir chebok *(Leuciscus schmidti)*, carpa cruciana *(Carassius carassius)*, perca *(Alburnus alburnus)*, perca *(Perca fluviatilis)*, podusta *(Chondrostoma nasus)* e outros.

CULTIVO E RESTAURAÇÃO DE PLANTAS AQUÁTICAS COSTEIRAS

Poluição diversa, processo crescente de eutrofização, carga recreativa intensiva em massas de água afectam negativamente muitas espécies de plantas costeiras e aquáticas. O número e a gama de habitats de espécies raras e relictas diminuiu significativamente. A natureza perto das grandes cidades e centros industriais sofre de forma particularmente significativa. As espécies comuns que atraem a atenção humana desaparecem e tornam-se raras. Trata-se de lírio branco puro de água, lírio amarelo do pântano e outras espécies da família das ninfas, samambaia, salvinia flutuante, pequena naiada, castanheiro de água, castanheiro de água, prímula do pântano, falsa íris, absinto branco do pântano, lótus e muitas outras. O desaparecimento de plantas é causado não só pela poluição, mas também por uma recolha intensiva e pelo pastoreio de animais.

A fim de assegurar a protecção, utilização racional e reprodução de plantas costeiras e aquáticas, é necessário realizar várias actividades para a conservação de populações de espécies vegetais raras e em perigo de extinção. Estes incluem: cultivo das espécies mais valiosas e poucas, criação de áreas protegidas, santuários, reservas, concebidas para promover a protecção, utilização racional, restauração e reprodução dos recursos vegetais.

O cultivo de plantas aquáticas costeiras aumentará não só o número de espécies vegetais raras e ameaçadas de extinção, mas também as que os seres humanos utilizam nas suas actividades práticas. É levado a cabo para resolver as seguintes tarefas:

1)   plantação de plantas para aumentar a capacidade de purificação das massas de água;

2)   plantação de plantas em explorações de caça para aumentar os recursos forrageiros dos corpos de água e criar abrigos para mamíferos e aves aquáticas;

3)   cultivo em pisciculturas de vegetação aquática suave como alimento para peixes e aumento do número de invertebrados forrageiros (zooplâncton, larvas de insectos, moluscos, oligochaetes, etc.);

4)   plantação de plantas (flaviófitas) para fortalecer as margens e prevenir a sua erosão;

5) criação de plantas para fins ornamentais.

As técnicas agronómicas associadas ao cultivo de plantas aquáticas são geralmente descomplicadas. A maioria das espécies são perenes e podem ser plantadas com pedaços de rizomas e relva inteira. Plantas sem sistemas radiculares ou com raízes subdesenvolvidas (erva-cama, teloresis, erva-corneliana) podem ser transplantadas como um todo ou em partes.

As recomendações práticas para o cultivo de plantas são dadas abaixo. O cultivo de plantas aquáticas e especialmente a introdução de novas espécies deve ser feito com grande cautela, dada a possibilidade de expulsar outras espécies vegetais mais valiosas pelos nativos.

A restauração de populações de plantas aquáticas ribeirinhas fortemente exploradas é recomendada como se segue.

1.   As espécies propagadas geneticamente (várias espécies de sucessão, cizânia do pântano, etc.) devem ser cultivadas com sementes recém-colhidas, espalhando-as uniformemente sobre a superfície da parcela.

2.   Espécies propagadas principalmente por meios vegetativos (lírios de água, tainhas, chifres, canas, juncos, juncos, rabo de gato, vachta, elodea, íris) são bem renovadas cortando caules (estacas) e rizomas com botões em repouso, nódulos, turiões (botões de invernada) e plantas inteiras (erva-cama, polyrhiza, elodea, telodea). Os caules e rizomas são cortados em partes, fixados no fundo e protegidos de danos por animais aquáticos e de água próxima; os tubérculos e os turiões são espalhados uniformemente pela área da parcela ou enterrados superficialmente no solo; plantas inteiras são colocadas em água em áreas protegidas do vento. Este método de propagação é mais trabalhoso, mas dá bons resultados.

3.   Para plantas com um tipo misto de propagação (lírios de água, mexilhões, algas, rabo de gato, susak, araruta, merlin), recomenda-se a utilização de ambos os métodos ou a sua alternância em locais diferentes. É necessário comparar qual destes dois métodos dá o melhor resultado.

4.   Em caso de dificuldades ou fraca regeneração natural das plantas é necessário utilizar métodos da sua regeneração artificial (em laboratório, em parcelas especiais vedadas, etc.), e depois plantá-las em corpos de água naturais.

A forma mais racional de utilizar plantas aquáticas costeiras (especialmente as raras e economicamente valiosas) é o seu cultivo em massas de água (A.V. Frantsev, 1961). A principal vantagem do cultivo de plantas economicamente valiosas reside na obtenção da máxima biomassa possível em condições de cultivo controlado, previsibilidade e garantia de elevados rendimentos, bem como na controlabilidade dos processos tecnológicos.

Ao plantar plantas aquáticas ripícolas, a direcção do reservatório deve ser determinada em primeiro lugar, uma vez que a composição de crescimento excessivo do reservatório determina em grande parte o regime óptimo da sua utilização económica. Depois, dependendo das condições ecológicas, a composição das espécies mais adequadas deve ser seleccionada e as zonas de plantação (ou semeadura) devem ser planeadas. Isto é mais relevante para corpos de água recém-criados, que não têm qualquer vegetação.

Antes de plantar, é útil levar a cabo medidas para mitigar a actividade das ondas que podem negar qualquer esforço de plantação. O controlo fitossanitário é de grande importância durante a introdução, dado que muitas espécies estão infestadas com vários fungos.

Cultivo de plantas flutuantes e submersas. Este grupo de plantas é propagado por rizomas e sementes. E caracteriza-se por uma maior eficiência do cultivo por sementes em comparação com as plantas de água do ar (S.G. Gigevich, B.P. Vlasov, G.V. Vynaev,

2001).

O *lírio branco* é propagado por estacas com botões adormecidos, para os quais os rizomas recolhidos são cortados em pedaços. As estacas são plantadas em solos ricos em minerais (de preferência solos lamacentos). Os rizomas devem ser fixados no fundo, para que não flutuem. O momento de plantar as estacas não importa. O recrescimento das estacas é de cerca de 100% quando plantadas em águas pouco profundas; a germinação é um pouco mais baixa a maiores profundidades. A propagação por sementes é menos demorada do que por estacas. As sementes são recolhidas em Agosto ou início de Setembro, depois mantidas em água durante duas semanas e espalhadas em águas pouco profundas (previamente enroladas em torrões de argila) (taxa de sementeira 5-10 kg/ha). As sementes são armazenadas em areia húmida a 12-150C.

A *amora amarela* propaga-se de forma semelhante ao lírio do vale. É menos exigente para as condições ecológicas e pode crescer mesmo em lagos distróficos. A profundidade óptima de plantação é de 0,5-1 m. O poço de urso lodoso resiste a mudanças repentinas do nível da água e cresce com sucesso no fundo dos corpos de água secos. As sementes de algas são recolhidas no final de Agosto ou início de Setembro, colocadas num cesto de vime e imersas em água. Em 10-12 dias, quando as sementes se afundam no fundo do cesto, são retiradas e semeadas a uma profundidade de cerca de 1 m. As sementes não maduras podem ser colhidas, mas é necessária uma longa imersão num recipiente com água corrente para as preparar para a sementeira.

A *castanha de água (pimenta)* é propagada vegetativamente (rosetas) e por fruta. Os frutos amadurecem em Agosto. As sementes são semeadas imediatamente após a colheita, uma vez que perdem a sua germinação após 10 dias. As sementes são transportados num frasco com água. A profundidade óptima para a castanha de água é de 1 metro. As plantas preferem solos sedosos e remansos silenciosos (não gostam de agitação); evitam os vizinhos com ninfas. A germinação das sementes tem lugar após 4 meses de dormência à temperatura da água de cerca de $120C$. As plantas são sensíveis aos valores de pH, concentração de NaCl e iões de cálcio; crescem em águas neutras ou ligeiramente alcalinas com baixa salinidade. A taxa média de plantação é de um fruto por metro quadrado.

As *algas flutuantes* são promissoras para o cultivo em massas de água de explorações de caça e avicultura. O maior efeito é obtido pela propagação de sementes. O material de plantio é recolhido no final de Agosto, quando as sementes são separadas dos espigões e flutuam na superfície da água. Depois, após 7-10 dias de incubação num cesto, as sementes são semeadas. As sementes são enroladas em torrões de argila e espalhadas na zona costeira (a profundidades de 0,3-0,9 m). A taxa média de sementeira é de 40 kg/ha.

O *centeio de folha trespassada* é o representante mais resistente e de maior rendimento dos azevéns. As suas sementes são colhidas no final de Agosto, quando começam a separar-se dos espigões por uma ligeira pressão da mão. A propagação é feita por sementes (40 kg/ha) ou por estacas de rizoma (1200 pcs/ha).

As *algas de lago (pondweed pondweed)* são promissoras para o cultivo na pesca, caça e criação de patos. É semeado a uma profundidade de 1,5-1,8 m por nódulos ou sementes. As taxas médias de sementeira são as mesmas que para as algas de folha perfurada.

A erva-espiga e a erva-príncipe são recomendadas para a reprodução em tanques de pesca. Estas plantas têm um elevado valor alimentar para os peixes e um bom habitat para os pequenos invertebrados. A propagação do urruti é feita através da plantação de órgãos vegetativos a uma profundidade de 0,3 a 1,2 metros (para que as plantas não flutuem, elas são fixadas ali). A taxa média de plantação é de 0,6 m $^{3/ha}$.

O *chifre verde escuro é* criado como uma planta forrageira para aves aquáticas e peixes herbívoros. A propagação é feita vegetativamente com todas as partes da planta. A taxa média de plantação é de 0,6 m3/ha. O cavalo é bem adaptado a várias flutuações ecológicas e tem um elevado rendimento (até 200 t/ha em peso bruto).

Telores aloea tem boas qualidades nutricionais, alta adaptabilidade às condições ambientais e altos rendimentos (até 200 t/ha em peso bruto). É capaz de vegetação de Inverno, o que a torna uma valiosa cultura cultivada. Uma vez que não tem raízes, é suficiente mover as suas partes para um local protegido contra as ondas. A planta cresce bem em matos finos de plantas costeiras e forma cenoses de alto rendimento. A telorese tolera bem valores baixos de pH, o que lhe permite crescer em corpos de água distróficos. As sementes germinam a $^{180°C}$; a sua taxa de germinação atinge 100%.

Elodea canadensis é de maior interesse para as explorações de patos devido ao seu elevado teor de nutrientes, teor de sal de cálcio, rendimento (35-300 t/ha) e capacidade de crescer sob gelo. A Elodea é propagada vegetativamente, por partes de plantas. Antes de plantar é necessário limpar o fundo do tanque da vegetação rígida, e depois plantar as plantas no solo em cachos de 5-10 ramos a uma distância de 40-70 cm. A planta é plantada no final de Maio a uma profundidade de 0,6 - 0,7 m. A principal exigência média é um elevado teor de cálcio na água (não inferior a 20-25 mg/l de sais calcários).

A *relva de sofá* não tem requisitos elevados em termos de tempo e método de plantação. Após a colheita, os lugares vagos são cobertos de batina no prazo de 10 dias. A principal condição do crescimento de algas é o fornecimento de minerais, especialmente nutrição nitrogenada, que torna o seu cultivo mais preferível em reservatórios de água altamente atróficos e reservatórios de esgotos de complexos pecuários e empresas da indústria alimentar.

Cultivo de plantas de água do ar e de zonas húmidas. As plantas deste grupo podem ser cultivadas semeando sementes ou plantando rizomas. O segundo método dá os melhores resultados, já que a maturação completa das sementes nestas plantas é bastante rara.

Os *canaviais* são cultivados com rizomas; são cortados em pedaços de 10-20 cm (preservando as raízes) e fixados em qualquer solo dentro da profundidade de 1,5-2,5 m. Até 90% das estacas plantadas são preservadas até ao momento do congelamento. Os rizomas de cana (assim como outras plantas) são enterrados no solo, fixados no fundo com estacas especiais ou enrolados num grande pedaço de barro (enquanto embebe, a planta tem tempo para criar raízes).

O *bulrush do lago* é facilmente propagado vegetativamente. Mesmo as partes destacadas do caule dão novos rebentos. A planta deve ser plantada em solos argilosos, a uma profundidade de 1-2 m (até 1 m em caso de pouca transparência da água). A capacidade média de renovação é de cerca de 80%.

O *rabo de gato* é propagado por estacas de rizoma com um botão apical ou rebentos jovens que são plantados em solo turfoso ou lamacento a uma profundidade de 2-3 m (a profundidade mais óptima é de 1-2 m). A germinação é de 100%, e até 60% das plantas plantadas são preservadas pelo congelamento.

A *Broadleaf Cattail* é menos promissora para o cultivo do que a Narrowleaf Cattail porque cresce apenas em profundidades pouco profundas. A planta é propagada por rizomas e sementes, cuja germinação atinge 100%. Se cultivado por rizoma é plantado a uma profundidade de 1 m em solo previamente afrouxado. As primeiras inflorescências podem aparecer no final da época de crescimento.

A *cizânia do pântano* (sinónimos: arroz aquático, arroz canadiano, tuscarora) foi introduzida na cultura no início do século XX e é uma planta promissora para o cultivo em explorações de caça. A Cicinia é uma planta anual e as suas sementes perdem rapidamente a germinação quando secas. As sementes são colhidas em Setembro e semeadas ao mesmo tempo em áreas livres de outras plantas.

A *Cicinia broadleaf* (folha larga de arroz aquático, arroz do Extremo Oriente) é uma perene que se propaga activamente por meios vegetativos. É altamente competitivo e pode ocupar o nicho ecológico da palheta. As sementes desta planta raramente amadurecem, pelo que é propagada vegetativamente por rizoma. A plantação é efectuada cortando rizomas com nós a uma profundidade de 10 cm no início da Primavera (a taxa de absorção, neste caso, é de 60-85%). Plantação de Verão e Outono (de Julho à primeira quinzena de Agosto a 1 m de profundidade). Os solos arenosos são os mais favoráveis para as plantas. A criação de raízes é de 40-70%.

A *íris* é plantada por pedaços de rizoma a uma profundidade de 20-30 cm (de preferência em solo argiloso). Para evitar que o material de plantio flutue, este é fixado no fundo. As plantas multiplicam-se rapidamente, formando espessuras monodominantes.

A *Arrowroot* é uma das plantas mais promissoras para o cultivo, pois além da massa verde, contém um grande número de tubérculos. É propagado por tubérculos e sementes que precisam de ser mantidos em água até um mês e meio antes da plantação. Se semeado em Outubro, brota em massa no próximo ano. Antes da sementeira (ou plantação) é útil soltar o solo. A taxa de sementes é de 5-10 kg/ha.

O *guarda-chuva* é propagado tanto por estacas de porta-enxertos como por sementes a uma profundidade de cerca de 0,5 m. Regenera-se rapidamente, formando extensos matagais.

O *trigo sarraceno de três folhas* é plantado por pedaços de rizoma com raízes e rebentos adventícios (rebentos jovens). Cresce apenas em água com uma reacção neutra. A plantação é melhor feita no solo turfoso, no solo lamacento as plantas crescem pior, e no arenoso - morrem. O incenso é exigente quanto ao conteúdo de nutrientes na água e no solo. A plantação da vahta é realizada a uma profundidade de até 0,6 m. Cerca de 60 % das plântulas sobrevivem até ao congelamento. A propagação por sementes é possível, a taxa de germinação neste caso atinge 100%.

Espécies do género *Blackthorn* são propagadas por sementes e estacas de rizoma. A planta é exigente às condições de cultivo; é plantada a uma profundidade até 1 m. O cultivo de pontos negros é mais promissor em quintas de caça especializadas na criação de aves aquáticas.

A *cavalinha do rio* cresce perto das margens dos rios, lagos e lagoas em profundidades de 0,3 a 1 m. A planta prefere solos lamacentos; reproduz-se, como outras espécies de rabo de cavalo, por esporos e vegetativamente. É cultivado através do corte de caules e rizomas. As estacas com 2-3 internódios são imersas em lodo a uma profundidade de 5 cm imediatamente após a colheita do material de plantio. As estacas enraízam-se bastante rapidamente.

A *alga do pântano* propaga-se através de sementes e estacas, que são plantadas na Primavera ou no final do Verão. As mais favoráveis para o cultivo desta planta são os bancos pantanosos ou partes costeiras do reservatório com uma profundidade não superior a 0,05-0,1 m. As plantas crescem melhor em solo arenoso ou argiloso. A pradaria é uma planta ornamental e é amplamente utilizada para o paisagismo e decoração de lagos.

A *mosca branca do pântano* é propagada através da divisão dos rizomas na Primavera e no final do Verão. Os melhores resultados são obtidos plantando a planta em solo argiloso, a profundidades até 0,3 m. A planta prefere massas de água de nível trófico elevado. Planta ornamental.

O *lobisomem* é um habitante típico dos pântanos e das águas rasas. Recomenda-se plantar a planta em grupos perto da costa a uma profundidade não superior a 0,25 m, em relva com uma mistura de areia. A propagação deve ser feita dividindo rizomas ou por sementes. Planta ornamental.

Casatik seta falsa é uma das mais promissoras plantas ornamentais próximas da água. Para além das formas selvagens, foram desenvolvidas variedades cultivadas. A planta é propagada através da divisão do rizoma, cujos pedaços são plantados a uma profundidade de 0,5-0,6 m em solo arenoso. As variedades cultivadas de cocklebur são plantadas a 0,1-0,15 m de profundidade.

Clubrootfish marine - cresce em massas de água ligeiramente salinas poluídas a profundidades até 1,6 m (profundidade óptima - cerca de 0,5 m). Está bem adaptado às flutuações do nível da água e pode crescer em massas de água de qualquer nível trófico. O clubroot pode ser utilizado para o cultivo em massas de água poluídas e salinas, requerendo tratamento biológico e fito-confiança. As plantas são plantadas por tubérculos num terreno arenoso ou lamacento imediatamente após a recolha do material de plantio. A plasticidade ecológica da planta permite o seu cultivo em qualquer corpo de água bem aquecido. A cobertura morta tuberosa não gosta da terra turfosa.

***

O processo de plantação de plantas ripícolas em grandes massas de água pode ser mecanizado. Para este efeito, nos locais de sobrecrescimento de reservatórios de água com vegetação ar-água, o solo rizoma é removido pelo método de escavação, entregue ao objecto planeado, onde as valas de plantação até 0,5 m de profundidade são colocadas com antecedência. O material de plantação é vertido neles e nivelado por um bulldozer. Em locais com carga moderada de ondas, o solo é colocado por uma camada de 20-25 cm sobre o material de plantio e encharcado com água. Dentro de 20-30 dias, a parcela é inundada. É recomendado plantar canas até à profundidade de inundação de 0,7 m, e canas - até 2 m. Após a germinação, a densidade média de plantas atinge 50 indivíduos/m2. Esta forma de plantar plantas de água costeira é aceitável para a formação de complexo litoral em corpos de água em construção - canais, reservatórios e outros corpos de água sujeitos a erosão hídrica.

A linha costeira dos reservatórios sob a influência de água de fluxo rápido, vento e ondas de navios da frota fluvial está constantemente exposta à erosão e destruição da água. Sob a influência destes factores, as margens dos reservatórios desmoronam-se todos os anos em resultado da vaga de ondas durante muitos anos; terras férteis valiosas e plantações florestais ficam debaixo de água.

Os canais são destruídos por correntes de água rápidas e ondas; requerem reparação anual e reforço das margens. Os pequenos rios tornam-se rasos e pantanosos no processo de lavagem do solo.

Os métodos de engenharia de controlo da erosão da água nem sempre alcançam o efeito desejado. Além disso, são dispendiosos e de mão-de-obra intensiva. O mais económico é o método "biológico" de protecção das margens contra a erosão da água. Os canaviais, rabos de gato, canaviais, mangues e outra vegetação ribeirinha são utilizados para os fortalecer. A utilização de macrófitas para proteger os bancos da erosão é reconhecida como um método fiável, simples e económico. Os caules densos das plantas resistem às correntes e ondas, amortecem a sua velocidade, previnem a erosão costeira e prendem a matéria em suspensão. Onde as canas crescem, as suas raízes e rizomas reforçam o solo até à profundidade de 50 cm e ligam-no firmemente. Os canaviais reforçam não só a parte subaquática, mas também a parte seca e íngreme da costa.

UTILIZAÇÃO ECONÓMICA DA VEGETAÇÃO AQUÁTICA COSTEIRA

Milhões de toneladas de biomassa de plantas ripícolas são produzidas anualmente em corpos de água. A área total ocupada por canaviais no território da ex-URSS, de acordo com dados longe de estar completa, é superior a 5 milhões de hectares. Esta área gera anualmente até 40-50 milhões de toneladas de massa seca de cana só. As maiores biomassas encontram-se nos estuários e áreas a jusante do Dnieper, Danúbio, Volga, Kuban, e no Lago Chany - 15-30 t/ha (massa seca ao ar). Se tivermos em conta a rabo de gato, cana, cavalinha, mannik e outras plantas costeiras, toda esta massa deve ser aumentada pelo menos 1,5-2 vezes. Por exemplo, o rendimento do rabo de gato nas planícies aluviais dos nossos rios do sul atinge 15-20 t/ha (peso húmido). Não podemos falar de biomassa de plantas flutuantes e submersas, uma vez que ninguém a calculou, excepto para algumas massas de água (N.S.Gaevskaya, 1966; P.G.Krotkevich, 1982).

Muitas espécies de plantas aquáticas costeiras encontram diversas, mas ainda insuficiente utilização em várias indústrias, agricultura e silvicultura, piscicultura, medicina, etc. Entre elas há muitas plantas técnicas (palheta, cauda de gato, cana, etc.), que são utilizadas como combustível e matéria-prima química, na produção de papel e na construção. As plantas medicinais dos corpos de água (calamus, vahta, camelina, vertebrado, sucessão, menta, merlin e outras) são utilizadas em medicina, farmácia, homeopatia, como meio cosmético e aromaterápico. Algumas plantas são boas abelhas (frass, nó de montanha, vertebrado, susak, íris). As plantas costeiras são utilizadas para fins de fitoreclamação (junco, rabo de gato, junco, algas, etc.) para proteger os bancos da erosão. Belas e vistosas plantas aquáticas (mulleína, lírio de água, lótus, prímula, íris, morangueiro de asas brancas) são utilizadas para fins decorativos.

Actualmente é impossível falar de uma utilização suficientemente activa de plantas aquáticas para as várias necessidades das pessoas. O desenvolvimento da tecnologia de recolha revela amplas perspectivas de utilização racional das plantas aquáticas ripícolas. Além disso, a colheita e extracção de plantas aquáticas ripícolas das massas de água é uma das principais formas de prevenir a poluição secundária das águas por resíduos vegetais.

A vegetação costeira e aquática tem uma produtividade elevada que não é inferior à das plantas forrageiras terrestres. Assim, a produção de sedimentos atinge 2-3 t de massa verde por 1 ha, produção de rebentos jovens de caniço - 5-6 t/ha. A produção de algas de lago, elodea, urruti, rabo de gato na cintura média da Rússia atinge 3-4 kg/m2 (doravante referida como massa bruta), strelolist 6-10 kg/m2, teloseed 2-13 kg/m2, trigo sarraceno anfíbio 8-10 kg/m2, erva de bardana 110 kg/m2, salvinia 3 kg/m2 (N.S.Gaevskaya, 1966; P.G.Krotkevich, 1982).

O rendimento de elodea nos corpos de água dos Urais Médios é de 15-25 t/ha (em média em todo o corpo de água) e 40-90 t/ha (em espessuras). De acordo com outros dados, elodea pode render até 110 t/ha. Isto deve-se ao facto de poder regenerar a sua mata após a colheita em 25-40 dias.

Uma enorme produtividade possui o Trifolium cinereum, que é capaz de render até 120 t/ha. Assim, na colheita única no reservatório de Ivankovskoye, foram produzidas 10 toneladas por hectare. As cucurbitáceas reproduzem-se principalmente vegetativamente; o tempo de duplicação por matéria seca é de 5-6 dias, e pelo número de "folhas" - 2-3 dias. Uma taxa de reprodução tão elevada permite múltiplas colheitas ao longo do Verão. Assim, no Uzbequistão, em 8 meses foram colhidas 276 t/hectare de panasco, enquanto o rendimento de milho foi de 150-180 t/hectare, e o de alfafa foi de 14-15 t/hectare. Diferentes espécies de batatas de semente crescem bem na água dos efluentes diluídos do gado. Ao mesmo tempo, as excreções das raízes das batatas de semente estimulam a reprodução de microrganismos aquáticos, que destroem as substâncias orgânicas das águas residuais e contribuem assim para a preservação do corpo de água em condições limpas.

A vegetação das massas de água está dividida em dois grupos principais: "duro" e "suave". A vegetação "dura" inclui canas, caudas, canaviais, mangues, sedimentos e outras plantas ripícolas. A vegetação "macia" tem caules delicados e cresce na coluna de água ou na sua superfície - algas, algas de lago, rabo de gato, elodea, araruta, lírio de água e outros.

Dependendo das espécies específicas, as plantas aquáticas costeiras são utilizadas como matéria-prima industrial e técnica e como alimento para animais de criação e aves de capoeira.

Esta divisão é, até certo ponto, arbitrária, uma vez que a mesma planta, dependendo do momento da colheita e dos fins utilitários, pode ter fins industriais ou agrícolas. Há espécies que podem ser utilizadas noutros sectores da economia - indústria alimentar, médica e decorativa.

O primeiro grupo de plantas inclui cana, rabo de gato, junco e outras plantas "resistentes", mas a principal importância industrial pertence sem dúvida à cana, que forma enormes matos nos canaviais e deltas dos rios, convenientes para a exploração industrial. Estas plantas são principalmente utilizados para fins técnicos - na construção, nas indústrias da pasta e do papel, química e microbiológica: como enchimento na produção de materiais de construção, matérias-primas para a produção de papel e cartão, viscose, substrato alimentar para o cultivo de leveduras forrageiras.

Os cientistas acreditam que a vegetação aquática não deve representar matos selvagens como é actualmente. É necessário aprender como cultivá-las e utilizar a massa vegetal para várias indústrias, incluindo a alimentação de animais de criação. O arroz aquático *(Zizania aquatica)*, arroz de folha larga *(Zizania latifolia)*, erva canária *(Digraphis arudinacea)*, bekmannia *(Beckmannia eruciformis) podem ser* utilizados como culturas promissoras. Por exemplo, na província de Leninegrado, o rendimento da massa verde do arroz canadiano atinge 30 t/ha (ou 15 t/ha de feno) e 16 cwt/ha de grão (V.D. Lopatin, 1951). Os grãos desmoronam-se e ficam na água sem germinarem até à nascente. São utilizados como alimento por peixes e aves aquáticas. O arroz do Extremo Oriente *(Zizania latifolia)* produz poucas sementes mas produz grande massa verde. Entre as plantas aquáticas, as mais promissoras para o cultivo são elodea, corydis, wolfia e Ricciia.

A utilização de plantas aquáticas costeiras oferece grandes oportunidades de reprodução e produção de sementes, o que já está a ser implementado em vários países. As plantas aquáticas costeiras produzem grande biomassa e são bem comidas por animais e aves. São uma fonte garantida de forragem nutritiva e barata.

A vegetação em prados subaquáticos desenvolve-se 2-3 vezes mais depressa do que na terra; o seu crescimento não depende das condições meteorológicas e da seca. Com uma utilização adequada dos corpos de água, é possível colher elodea, telorese, casuística e outras 3-4 vezes por ano; as plantas voltam a crescer suficientemente rápido após a colheita. A utilização em massa da vegetação aquática é de grande importância económica; as plantas podem contribuir para mitigar a escassez de forragens, especialmente nas regiões do sul do país. Algumas espécies vegetais (telores, elodea) são vegetadas durante o Inverno e podem ser usadas como massa verde para alimentar aves durante todo o ano (G.S. Gigevich, B.P. Vlasov, G.V. Vynaev, 2001).

As plantas aquáticas costeiras são um excelente alimento e forragens para muitos animais da quinta. São consumidos frescos, outros como forragem grosseira (feno, feno, ensilagem, palha), ou são utilizados para produzir farinha de erva granulada. Uma grande proporção da vegetação aquática é adequada para ensilagem. Algumas plantas são alimentadas misturadas com outros alimentos (por exemplo, farelo, batatas, cereais). O valor nutricional destas forragens é aumentado através da vaporização, adição de melaço, polpa de beterraba e outros aditivos.

Canas, rabo de gato, caniço, mangue, sedimento, rabo de gato, nenúfar, mullein, telores, algas, chifres, elodea, etc. são adequados para a alimentação fresca de animais. Contêm nutrientes em quantidade não inferior à das gramíneas forrageiras terrestres (Quadro 3). A vegetação aquática submersa reduziu o tecido mecânico, pelo que contém muito menos fibra em comparação com as gramíneas terrestres e é melhor digerida.

As sebes, canas e rabos de gato há muito que são utilizadas para alimentação animal; não têm igual entre a vegetação costeira em termos de teor de proteínas e gordura e estão próximas do trevo. As palhetas jovens, a rabo de gato e o corte de feno de mangue antes da floração são de alta qualidade. O feno Telrorse tem um cheiro agradável e é bem comido por animais. Por exemplo, no feno de cana fresco contém 7% de proteína bruta, cerca de 2% de gordura, 10% de substâncias extractivas sem azoto. Mannik tem 11% de proteína bruta, 40% de substâncias extractivas isentas de azoto e 9% de açúcar.

O valor calórico das macrófitas é tomado como 4 kcal/g de matéria seca; o valor calórico mais alto é típico do período primaveril, o mais baixo - para o Outono. A vegetação aquática é inferior à alfafa e ao trevo na sua qualidade forrageira (ver Quadro 3).

Enquanto jovens e durante a floração, a rabo de gato, mangue e junco contém 7-22%

de proteína, 1-3% de gordura, 30% de substâncias extractivas sem azoto, 17-42% de fibra, e são bem comidos por muitos animais domésticos (J. G. Maisterenko et al., 1969). Após a floração, os caules tornam-se mais grosseiros e o valor das forragens das plantas diminui.

Raízes e tubérculos de cogumelos, lírios do vale, mannik, algas, algas, rabo de gato, canas e outros são de grande valor para o gado, porcos, aves aquáticas, galinhas, animais de peles. De valor nutritivo especial são os rizomas de cana, que contêm 50% de substâncias amiláceas, até 30% de açúcares, 5% de proteínas, 1% de gordura, 6% de sais minerais.

As plantas aquáticas costeiras são caracterizadas por um elevado teor de vitaminas. Assim, o teor de vitamina C está na gama de 50-80 mg/%, vitamina A - 16-40 mg/%, o que é um bom indicador para plantas forrageiras. Além disso, contêm muitos oligoelementos essenciais para animais e aves de capoeira (silício, ferro, cobalto, bromo, cobre, níquel, iodo, zinco, manganês).

Dependendo do uso planeado de macrófitas, são colhidas no Verão e no Inverno. A colheita de Verão deve ser concluída imediatamente antes da floração (antes da formação de panículas nos caules e quando as plantas têm 8-9 folhas) durante o período de biomassa máxima. Neste caso, os rebentos secos de caniço e rabo de gato podem ser tão nutritivos como o feno bom. Durante a floração, os caules tornam-se mais grosseiros e o seu valor forrageiro diminui (tal como nas plantas forrageiras terrestres). A colheita de Inverno da vegetação acima da água é principalmente para fins técnicos.

Nas explorações com os seus próprios corpos de água, é possível criar plantações de elodea, algas, telores, rabo de gato, rabo de gato e assim aumentar a base forrageira para a produção animal e avícola.

O centeio é um bom alimento para muitos animais domésticos, especialmente aves e porcos. Contém até 30% de proteína, cerca de 5% de gordura, 2434% de substâncias extractivas sem azoto (mais do que no milho), fósforo - 3%, cálcio - 6%, magnésio - 2% e alguma fibra - 20-25%. A mandioca fresca é rica em vitaminas. Especialmente elevado é o valor nutritivo da mandioca seca que contém até 30% de proteína, 30-35% de amido, 5% de gordura e 17-23% de fibra.

Quadro 3.

Composição química de algumas plantas,
% de peso absolutamente seco; os valores são arredondados
(N.P.Voronikhin, 1953; N.S.Gaevskaya, 1966, etc.)

Nome das plantas	Proteína	Kletchat -ka	Gordura	Substâncias extractivas isentas de azoto	Zola
Palheta comum (planta inteira)	11	36	3	44	5
Cana-de-açúcar comum (folhas)	22	29	5	37	7
Palheta de Lakeshore	6-11	18-31	4	51-60	7
Borbulhante de sebe	11-13	26-33	2-4	3-49	7
Araruta Arrowroot Arrowroot	22-23	18-37	4-7	27-40	13
Montanhista anfíbio	11	16	2	64	6
Rodestone flutuante	14	22	4	50	10
Rhdestus brilhante	14	18	2	55	12

Rhdestus piercingifolia	12	17	1	60	10
Cogumelo amarelo Nenúfar branco	21	15	3	52	10
Elodea canadensis	14-16	16-29	1-2	35-46	20
Guarda-chuva Susac	13	31	3	5	19
Criogénico tricolor	12	11	1	46	30
Rodapé encaracolado	22	13	2	49	14
Verde escuro corvo-marinho	18	11	1	46	23
Trevo vermelho	14-21	22-24	3	37-42	8
Mannik	10-11	-	-	38-41	9
Trevo	20	21	4	47	9
Lucerna	18	19	3	50	10
Phragmites australis	7	30	2	24	33
Cavalinha	7	21	2	30	11
Peixe-gato pequeno	26	25	5	27	18
Criogénico tricolor	30	21	3	24	22
Rhodestone pondweed	21	26	3	37	14
Rodapé encaracolado	19	17	2	47	15
Rhdestus (5 espécies)	17	19	3	50	12
Feno de prado (bom)	14	19	3	40	8
Trevo + alfafa	20	21	3	46	10
Trevo médio	20	25	2	43	10

De particular interesse para a pecuária é Wolffia perennialis, uma pequena planta subtropical de água doce da família das batatas de semente. Cresce no sul do nosso país. A matéria seca de wolfia contém 60% de amido, 20% de gordura, 10% de proteínas, vitaminas A, Bb, B12, C, PP e outras. Pode ser cultivado em pequenas piscinas até 15 cm de profundidade. O meio de alimentação é a água da torneira com a adição de extracto de estrume de galinha na concentração de 1 g por 1 L de água. O crescimento médio diário da massa verde wolfia ao ar livre durante o período Maio-Outubro é de cerca de 0,2 kg/m2, o que equivale a 60 t/ha de peso bruto por mês.

A vegetação aquática pode ser utilizada como material de cobertura morta e fertilizante orgânico após a compostagem. O adubo composto é amplamente utilizado na agricultura, e o seu efeito no rendimento das culturas é semelhante ao do estrume. As plantas com caules rugosos e endurecidos, que não são adequadas para alimentar animais, são utilizadas para compostagem. Além disso, as plantas são utilizadas depois de terem sido utilizadas como cama.

A vegetação aquática costeira é um excelente substrato para a vermicultura - reprodução de minhocas e produção de biohumus. As plantas aquáticas podem ser utilizadas para produzir biomassa de minhocas em forma pura ou misturada com estrume e outros resíduos orgânicos.

Actualmente, a criação de minhocas à escala industrial é alvo de muita atenção nos EUA, Itália, França, Alemanha e outros países. Nos últimos anos, a solução deste problema tornou-se urgente também no nosso país.

A principal espécie cultivada é o verme do estrume (Eisenia foetida) da família Lumbricidae e o verme vermelho californiano. Esta última é considerada pelos especialistas como uma subespécie domesticada do verme de estrume. Estão adaptados para existirem num habitat agressivo - estrume. O verme do estrume tem 40-130 mm de comprimento e 2-4 mm de largura, o seu casulo contém até 20 ovos, atinge a maturidade sexual em 4 meses.

O verme da Califórnia é uma raça intensiva; é mais exigente às condições de alimentação e alojamento (principalmente à temperatura) e com o devido cuidado dá um maior retorno. Por outro lado, o verme do estrume (Eisenia foetida) é mais tolerante à geada,   capaz de processar ambientes mais agressivos :

estrume de aves de capoeira pouco fermentado, estrume, diferentes misturas com elevado teor de casca de madeira e serradura.

Para os vermes, o substrato é tanto uma fonte alimentar como um habitat. O substrato de vermicultura mais comum é o estrume, mas também podem ser utilizados outros resíduos orgânicos, incluindo a vegetação costeira e aquática. O estrume pode ser utilizado na sua forma pura ou como parte de diferentes misturas (fillers). Se o estrume for utilizado puro, tem de ser pré-cultivado (3-6 meses). Palha, erva velha, lixo foliar e outros resíduos são utilizados como enchimentos. A vegetação de água curta pode ser utilizada como única fonte de alimento para vermes e como enchimento. A taxa de decomposição da matéria orgânica depende da humidade, temperatura, e aeração do substrato. O estrume decompõe-se mais intensamente com um teor de humidade de 5575%; com um teor de humidade mais baixo, a taxa de decomposição abranda. O arejamento é de grande importância. Quanto mais oxigénio for fornecido para a pilha, mais intensivo será o processo. A temperatura óptima para a alimentação e desenvolvimento de vermes é de cerca de ^{230C}, e para a reprodução de cerca de ^{190C}. Os vermes, tendo a enzima celulase, comem e decompõem activamente os resíduos contendo celulase.

Os vermes têm uma digestão gástrica e extra-gástrica. As glândulas faríngeas produzem um fluido semelhante ao suco gástrico. Os vermes molham com ele detritos orgânicos, que escurecem e maceram sob a sua acção. Os vermes aspiram então o tecido mole semi-decomposto. A matéria orgânica ingerida no estômago dos vermes é moída e digerida.

A taxa óptima de armazenamento do substrato é de 12 minhocas por 1 dm3. A taxa pode ser aumentada até 50 minhocas/dm3. Nestas condições, os vermes processam o substrato mais rapidamente, mas reproduzem-se de forma menos intensiva. O prazo aproximado do processamento do substrato em biohumus é de cerca de 3 meses, mas este prazo varia muito dependendo da temperatura, densidade do assentamento do substrato, qualidade das matérias-primas.

A vermicultura é uma biotecnologia intensiva para a utilização de resíduos orgânicos para produzir biohumus e biomassa de vermes, que podem depois ser utilizados como alimento para animais e aves de capoeira.

Nos últimos anos, a tecnologia de transformação de biomassa em materiais combustíveis, principalmente em metano convencional, tem sido activamente desenvolvida. Este processo é chamado de bioconversão. Caracteriza-se por uma elevada eficiência, além disso, neste processo pode ser utilizada uma variedade de matérias-primas orgânicas, incluindo a vegetação costeira e aquática. Por exemplo, a bioconversão de 100 toneladas de palha permite obter 14000 m3 de metano e 2,5 toneladas de fertilizante. Existem perspectivas de processamento de macrófitas contendo compostos tóxicos e radionuclídeos por este método (V.V. Evstigneev, M.A. Podurovsky, V.P. Solovovov, 1997).

A biomassa de plantas aquáticas pode ser utilizada na preparação de produtos alimentares não tradicionais. "Sangue verde, leite verde". Leite de ervas" - sob esse nome no estrangeiro começou a produzir sumos de plantas enriquecidos com proteínas e vitaminas. A "revolução verde" na produção alimentar levará inevitavelmente à plena utilização dos recursos alimentares das plantas aquáticas (V.V. Evstigneev, M.A. Podurovsky, V.P. Solovovov, 1997).

PLANTAS DE AQUÁRIO

As plantas desempenham um papel importante na formação do ambiente de vida dos peixes num aquário e, acima de tudo, na troca de gás. A produção de oxigénio pelas plantas e a absorção simultânea de dióxido de carbono pelas plantas não pode ser substituída mesmo por um bom sopro de ar. Um papel importante é também desempenhado pela ingestão de substâncias orgânicas e minerais da água devido ao peixe e à decomposição dos restos de comida. Graças às plantas e bactérias que vivem nas suas águas superficiais, os peixes são purificados a partir de produtos residuais nocivos para os peixes de forma natural. Mais uma vez, nenhum filtro pode substituir plantas e bactérias a este respeito (Ilyin, 1977).

O papel estético das plantas num aquário é também muito importante. As plantas realçam as cores brilhantes dos peixes e enfatizam a sua beleza. Em algumas espécies, as plantas são necessárias como abrigo, e os peixes podem também esconder-se entre as plantas de indivíduos agressivos da sua própria espécie ou de outras espécies. Especialmente os jovens e os alevins mantidos juntos com adultos precisam de abrigo. Além disso, os protozoários - alimentos para as batatas fritas - desenvolvem-se entre as plantas.

Para muitas espécies de peixes, as plantas são o substrato natural sobre o qual desovam. Algumas espécies colam os ovos às plantas, enquanto outras os atiram para o meio da mata. Para muitas espécies de peixes, as plantas servem de abrigo para os ovos não serem comidos pelos seus pais. Alguns peixes utilizam plantas para construção de ninhos (Ilyin, 1977).

Neste capítulo, não pretendemos descrever a vida e o cultivo de plantas de aquário. Há literatura especial disponível para este fim (Zolotnitsky, 1890; Zhdanov, 1973; Ilyin, 1977; Mahlin, 1990; Zirling, 1991). Queremos apenas mostrar a amplitude e a gama de utilizações das plantas aquáticas. Na sua maioria, damos informações sobre plantas do nosso país que são cultivadas em aquários. No entanto, uma grande parte das nossas plantas morre no Inverno, pelo que o número de espécies vegetais utilizadas é pequeno. Por conseguinte, fornecemos alguma informação sobre plantas tropicais que são mais amplamente cultivadas em aquários.

Existem vários tipos de aquários. Algumas são utilizadas apenas para o cultivo de plantas costeiras e aquáticas. Os peixes estão normalmente ausentes neles. Noutras - uma combinação de plantas aquáticas costeiras (pântanos e espécies tropicais) com anfíbios e invertebrados. Noutras, as plantas aquáticas são cultivadas em conjunto com os peixes.

Antes de mais, deve dizer-se que o estado das plantas no aquário depende não só dos parâmetros físico-químicos do ambiente, temperatura, luz, mas também dos tipos de peixes e invertebrados que nele habitam.

Alguns peixes (guppies, rabos de espada, pelicies, mollonesias) devido à estrutura do seu aparelho bucal (funcionando como um raspador) são bons a remover a placa das plantas e das paredes do aquário, e assim contribuem para o seu crescimento. Estes peixes são na sua maioria despretensiosos e reproduzem-se bem em qualquer aquário. Panzer catfish - Ancistrous alimenta-se principalmente de incrustações no fundo da rocha, mas na ausência destas pode limpar plantas. Peixe de linda cor - labeo, gourami beijador - chelostomu, gourami da lua - trichogaster alimenta-se de incrustações e é bom a remover algas filamentosas das folhas das plantas.

Ao cultivar plantas aquáticas deve também estar ciente dos seus "inimigos" - os peixes, o que lhes pode causar muitos problemas. Comem folhas, rebentos de plantas, rasgam o chão.

Antes de mais, mencionar o peixe characin - metinnis, que pode arrancar pedaços mesmo das plantas mais duras. Os tetragonopteranos (dos caracinídeos) podem comer rebentos de plantas jovens e tenras. Algumas espécies da família dos ciclídeos também comem plantas aquáticas ou retiram plantas do solo. As espécies do género tilápia são particularmente "agressivas" para as plantas aquáticas. Algumas grandes espécies deste género são criadas como peixes de caça em águas quentes.

Tão fortemente como os ciclídeos, várias espécies de peixes-gato, principalmente o Toracatum, agitam o terreno no aquário. Os farpas adultas arrancam frequentemente os botões apicais das plantas, arrancam as folhas jovens. Os peixes dourados mais comuns mordiscam avidamente as folhas jovens e tenras das plantas, principalmente - com folhas pinadas. Além disso, ao escavarem no solo, agitam o lodo, que se instala nas plantas.

A maioria das espécies de caracóis são sanitários de aquário. As bobinas vermelhas são mais frequentemente mantidas em aquários. São bons a lidar com o entupimento de plantas e vidros, removendo a película bacteriana da superfície da água. Quase não estragam as plantas, desde que tenham comida suficiente. Se lhes faltar comida natural (incrustação), os caracóis mudam para comida de plantas aquáticas. Physeas e Fisella, tal como as bobinas, são boas a remover a sujidade, mas comem os pequenos buracos que fazem nas folhas. As grandes amêijoas são omnívoras - limpam o aquário de incrustações, comem restos de comida, partes de plantas mortas, mas se a falta de comida pode danificar plantas vivas.

Puddleworms e pondworms retirados de corpos de água naturais comem activamente plantas aquáticas. Além disso, alguns deles são hospedeiros intermediários de muitos parasitas dos peixes.

As plantas de aquário podem ser agrupadas nos seguintes grupos biológicos: 1. Flutuação na superfície da água; 2. flutuação na coluna de água; 3. enraizamento no solo.

Das plantas da cintura média do nosso país, as seguintes espécies são mais comummente cultivadas:

Characeae Familiar. *Nitella flexilis* (L.) Agardh. Espalhado em pequenas massas de água da Europa, Ásia e América, onde forma densas matas subaquáticas. Os caules são longos, fortemente ramificados, de cor verde escura, formando filamentosos ao longo de todo o comprimento, o sistema radicular está ausente. Os melhores resultados no cultivo de insectos brilhantes podem ser alcançados se não for transplantado. Assenta bem as partículas em suspensão, pelo que a água na presença desta planta é suficientemente limpa. É um bom alimento para muitos peixes de aquário. Estreitamente relacionada com esta espécie é uma *Nitella megacarpa* Allen. de grande porte e brilhante, distribuída nas águas da costa atlântica dos Estados Unidos. Ambas as espécies têm melhor aspecto quando cultivadas com outras plantas.

Família *Riccciaceae*. Riccia *fluitans* L. pertence a representantes de fígados; está difundido em massas de água de pé e de fluxo lento de todos os continentes. Esta bela planta verde brilhante, em forma de obra aberta, flutua à superfície da água. O corpo de Riccea forma uma crosta e consiste em pequenas placas de ramificação. Reproduz-se muito rapidamente, cobrindo toda a superfície da água como um tapete contínuo de placas actuando acima da água. Serve como abrigo para alevins, como substrato para desova e como material para a construção de ninhos de peixes.

Família *Fontinalaceae*. Fontinalis chave comum *Fontinalis antipirética* Linne. distribuída em várias massas de água do hemisfério norte da Terra e tem muitas formas e subespécies. Gosta de água excepcionalmente limpa e macia. Uma pequena turbidez é fatal para esta planta. A iluminação deve ser moderada (espalhada), porque em luz excessiva sobre o musgo desenvolve algas, o que leva à sua morte. Fontinalis é um excelente refúgio para alevins, um substrato para a desova de muitos peixes. É propagado pela divisão do mato.

Entre os musgos tropicais, o musgo javanês *Vesicularia dubyana* (C. Muller) Brotherus (da família *Hypnaceae)* é amplamente cultivado em aquários. Espalhado em massas de água de ilhas da região zoogeográfica Indo-Malaias. A espécie é um emaranhado de finos fios verdes escuros presos a rochas e troncos por rizóides. As folhas pequenas estão dispostas em caules lindamente ramificados. Pouco pretensioso sobre a composição da água, do solo e da iluminação, tão difundido entre os entusiastas dos aquários. Cresce lentamente ao longo de todo o ano. O musgo javanês é uma excelente planta ornamental; bom substrato para a desova de muitas espécies de peixes. Facilmente propagável vegetativamente.

Família *Isoetaceae*. Isoetes *lacustris* L. está difundida em massas de água da Sibéria, Europa e América do Norte. Ocorre em lagos com água limpa e límpida. As folhas são radicais, agregadas numa roseta folhosa. Propagado pela divisão de rizomas e por esporos. As plantas são melhor cultivadas numa estufa húmida, e depois os espécimes mais fortes são transferidos para o aquário.

Família *Marsileaceae*. Pilularia *globulifera* L. é uma planta muito difundida nas massas de água europeias. Tem um rizoma longo e esguio, que se arrasta na superfície do solo com finas raízes adventícias. A planta prospera melhor em água macia a 18-20oC com luz natural. Facilmente propagado através da divisão dos rizomas. *Marsilea* quadrifolia L. - Cresce em reservatórios pouco profundos, valas, ao longo das margens de rios e lagos. Esta planta é adequada para aquários de água fria. A Marsilia mais bem desenvolvida em aquários não aquecidos com luz natural; as folhas neste caso tornam-se maiores, e o pecíolo mais curto. Cresce uniformemente ao longo de todo o ano. Propagado através da divisão do rizoma rastejante; melhor numa estufa húmida, depois transplantado para o aquário.

Família Salvinia (Salviniaceae). Salvinia floating - Salvinia natans (L.) Allioni - distribuída em massas de água da Europa, Norte de África e Ásia Menor. Está difundido entre os aquariofilistas feto despretensioso flutuando na superfície da água. Salvinia precisa de boa luz aérea; é despretensiosa no que diz respeito à temperatura. As plantas retiradas de corpos de água só podem ser propagadas durante o Verão. No Inverno, eles morrem. A planta é propagada por rebentos de caule e esporos. Só pode ser mantido num recipiente de água fria colocado numa estufa de Inverno. As raízes e as folhas subaquáticas de salvinia servem de refúgio para alevins e de local de desova para alguns peixes. Para aquários de água quente são espécies tropicais mais adequadas - Salvinia auriculata Aublet. e Salvinia oblongifolia Martius. Todas as espécies de Salvinia no aquário crescem em águas claras em luz difusa e ao mesmo tempo brilhante.

Família Azollaceae. Azolla *caroliniana* Willdenow, A. *filicculoides* Lamarck, e A. *pinnata* R.Brown são espécies tropicais. Azolla é um feto como a salvinia, não tem raízes, são substituídos por folhas filamentosas subaquáticas. Azolla flutua na superfície da água, pequenas folhas são dispostas em pares, como azulejos, sobre um caule ramificado. A planta necessita de muita luz forte para crescer. Tem um padrão de crescimento nitidamente sazonal com um período de dormência no Inverno. A planta propaga-se vegetativamente bem como por esporos; estes últimos são conservados no sedimento inferior até à Primavera. Dos outros fetos tropicais nos aquários crescem plantas da família *Polypoddiaceae (Polypoddiaceae),* buzinas *(Parkeriaceae).*

Da família rdestovyh *(Potamogetonaceae)* em aquários crescem várias espécies tropicais - rdest Gaia *(Potamogeton* Gayi A.Bennett*),* rdest vosmytchynkovyh *(P. octandrus* Poiret.), uma série de rdestov do extremo oriente. Entre numerosas espécies desta família, a maioria delas são grandes e exigentes para as condições de manutenção. Esta é provavelmente a razão pela qual eles são bastante raros aquariofilistas amadores. São propagadas principalmente vegetativamente - através de estacas de caule e divisão do rizoma.

Muitas plantas tropicais são distribuídas em aquários: cerca de 40 espécies da família Aponogetonotsvetovye (*Aponogetonaceae*), género Echinodorus *(Echinodorus)* família Chastuhovyh *(Alismataceae)* cerca de 30 espécies e mais de 20 espécies do género *Sagittaria.*

Da família *Hydrocharitaceae,* a espécie mais conhecida é o agrião tipo sapo

(Hydrocharis morsus-ranae L.), omnipresente nos reservatórios de água parados da parte média da Europa e Ásia. Flutua sobre a superfície da água. Reproduz principalmente vegetativamente - por rebentos. Estas últimas crescem horizontalmente debaixo de água e dão origem a novas plantas nas suas extremidades. Os botões de agrião de Inverno têm membranas mucosas. Graças a isto, aderem a animais e aves e podem ser transportados de um corpo de água para outro. O agrião é sensível à poluição da água e cresce apenas em águas limpas. Aquacrasses podem ser mantidos em qualquer aquário com iluminação suspensa.

A Vallisneria spiralis *(Vallisneria spiralis* L.) está amplamente distribuída tanto em águas de pé como em águas correntes ao redor do globo, principalmente nos trópicos e subtropicais. No nosso país só se encontra nas regiões do sul e do Extremo Oriente. Wallisneria cresce a norte da área principal apenas nas lagoas de arrefecimento das centrais nucleares e térmicas. A planta é interessante por causa do processo de polinização. Flores masculinas em pedicelos curtos estão agrupadas nas axilas foliares; flores femininas noutras plantas têm pedicelos longos e aparecem na superfície da água durante a floração. Nessa altura, as flores masculinas desprendem-se dos seus pedicelos e flutuam até à superfície da água. São levadas pela corrente ou pelo vento até às flores femininas abertas e fertilizam-nas com pólen. Após a fertilização, o longo pedicelo da flor fêmea sobe e desce até ao fundo do reservatório, onde ocorre a maturação dos ovários (Zhdanov, 1973). A Wallisneria é uma planta despretensiosa tanto em termos de solo, temperatura (15 -20oC) como de luz. Nos aquários a maioria das vezes contém Vallisneria spiralis, em forma de folha torcida - *Vallisneria spiralis* L. *f. tortifolia* Wendt, diferente em torcidos num saca-rolhas de folhas mais largas. Prefere temperaturas mais elevadas (18-25°C), e não tolera sais de ferro.

Elodea *canadensis* Michaux está amplamente distribuída em todas as massas de água da América do Norte e é aclimatada em muitos países. Elodea é uma planta dióica, mas apenas se encontram plantas fêmeas na Europa; por conseguinte, reproduz-se vegetativamente. Com a reprodução sexual, a polinização é semelhante à da Wallisneria. Prefere água limpa, luz moderada, à temperatura não é fastidiosa. A Elodea prolifera rapidamente no Verão, e morre no Outono. Serve um bom substrato para a desova de muitas espécies de peixe. Existem outros tipos de elodea. Por exemplo, Elodea dentate *(Elodea densa* Plancon) superficialmente pouco, o que difere das espécies anteriores, mas desenvolve-se ao longo do ano e tolera facilmente temperaturas mais elevadas. É, portanto, uma planta desejável para aquários.

Telores aloides - *Stratiotes aloides* L. - amplamente distribuídos em massas de água da Europa. Folhas numa roseta de raiz, largamente linear, longa e rígida, serrilhadas ao longo das bordas. O caule tem rebentos curtos e rastejantes. O sistema radicular está pouco desenvolvido na fase inicial de desenvolvimento, quando está debaixo de água. À medida que as folhas se desenvolvem, o sistema radicular também se desenvolve, e gradualmente a planta flutua até à superfície do corpo de água. Os rebentos de outono dos telrhese não se desenvolvem em plantas adultas, mas afundam-se até ao fundo, onde passam o Inverno. Na Primavera dão origem a novas plantas. A telorese é boa para crescer num aquaterrarium. **Família Araceae.** As mais comuns em aquários e aquaterrários cultivam plantas tropicais do género Cryptocoryne *(Cryptocoryne)*, que são mais de 50 espécies. Espalhado no Sudeste Asiático. Esta bela planta ornamental com folhas largas sobre longos pecíolos. A Cryptocorynes prefere água macia e luz brilhante, a temperatura óptima - 24oC. As plantas toleram um escurecimento completo, necessário para o desenvolvimento do caviar de muitas espécies de peixes. Propagado por rebentos de raiz.

Pistia, a alface-d'água *(Pistia stratiotes* L.) é comum nas massas de água das regiões tropicais de África. É uma grande planta flutuante. As suas folhas verde-azuladas, cobertas de pêlos, são reunidas numa roseta; o sistema radicular está fortemente desenvolvido, tem um poderoso sistema radicular. Pistia requer luz brilhante. A temperatura óptima da água para a sua 22-26oC. No Verão reproduz-se vegetativamente, cresce muito pior no Inverno, e geralmente morre. É possível a reprodução por sementes. Se o inverno não conseguir criar condições óptimas para a planta, pode ser colocada numa câmara húmida e mantida numa almofada de musgo ou turfa, e na primavera para ser transferida para o aquário. Um sistema radicular bem desenvolvido serve como refúgio para alevins e como substrato para a reprodução.

A família *Lemnaceae* é representada por espécies como o pequeno caddis *(Lemna minor* L.), humpback caddis *(L. gibba* L.), *trisulca (L. trisulca*), polyrrhiza comum *(Spirodela polyrrhiza* (L.) Schleid.), rootless wolfia *(Wolfia arrhiza* (L.) Wimmer. Flutuando na superfície e semi-submersos em plantas aquáticas. Ocorre em águas de pé e de fluxo lento. Ryaski despretensioso em relação à temperatura e à luz sobre a cabeça multiplica-se bem. A iluminação artificial adicional no aquário durante o Inverno permite-lhe mantê-lo durante todo o ano. É um bom alimento para peixes herbívoros. As escovas servem de abrigo para alevins e locais de desova para um certo número de peixes.

As plantas da família *Camombaceae* têm dois tipos de folhas - folhas submersas divididas em lóbulos pequenos e estreitos e folhas flutuantes e lineares. Estas belas plantas tropicais preferem água macia; crescem como um arbusto com caules carnudos e folhas em forma de leque finamente dissecadas. Requer boa luz. A planta está bem adaptada a diferentes condições, cresce rapidamente e participa activamente no ciclo das substâncias no aquário. O Kabomba cresce de forma uniforme ao longo do ano. As plantas são relativamente pouco exigentes em relação às condições, mas gostam de água limpa. A lama instala-se nas suas folhas, fazendo com que a planta perca o seu atractivo e qualidades decorativas. Facilmente propagado por cortes de caules e rizomas. Os mais conhecidos são *Cabomba* aquatica Albert, Cabomba *australis* Spegazzini, Cabomba Warminga *(C. Warmingii* Caspary.) da América do Sul, Cabomba Gardner (*C. piauhyensis* Gardner) da América do Sul e Índia.

Ceratophyllaceae *(Ceratophyllaceae)* em aquários
são representados por duas espécies próximas na ecologia - *Ceratophyllum demersum* L.
verde escuro e C. verde claro *submersum* L.. Estas duas espécies são cosmopolitas,
amplamente distribuídas em massas de água paradas do nosso país. O chifre forma hastes
fortemente ramificadas, por vezes salientes da água. As folhas são arranjadas em espiral. O
Hornifoliolate tolera todas as temperaturas, mas gosta de luz brilhante. As plantas retiradas
de reservatórios naturais são melhor plantadas num aquário na Primavera. No Inverno, a
planta, como a maioria das plantas da zona média, morre, deixando os botões de Inverno, o
que na Primavera dá origem a novas plantas. Deixa a cornualha recolhida na sua superfície
em suspensão, pelo que deve ser lavada periodicamente com água fresca. Os conteúdos dos
dois tipos de Cattail são semelhantes. O chifrudo propaga-se facilmente através da divisão
do caule.

As plantas tropicais da família **Onagraceae** = *Oenotheraceae (Onagraceae =
Oenotheraceae) e* várias espécies de ludwigia *(Ludwigia)* são utilizadas para cultivo em
vários tipos de aquários. Esta é uma das plantas de aquário mais difundidas. Ela é
despretensiosa às condições, mas prefere uma luz forte e difusa e uma temperatura de 20-
25oC.

Slanophyllum familiar *(Halorrhagaceae)* em aquários
é representada por espécies de pinípedes *(Myriophyllum)*. Das espécies disseminadas nas
águas russas e frequentemente utilizadas para o cultivo em aquários de água fria, podem ser
chamadas *Myriophyllum verticillatum* L.
Muitas espécies de plantas costeiras e aquáticas são bastante difíceis de cultivar em
pequenos aquários devido ao seu grande tamanho e à necessidade de um período de
dormência durante o Inverno. Podem ser cultivadas como plantas ornamentais para o
greening de lagos abertos.

PLANTAS ORNAMENTAIS

Algumas plantas de água costeira são muito bonitas e são utilizadas para decorar corpos de água dentro da cidade ou em parcelas de terra firme. Para paisagismo de massas de água são utilizadas espécies vegetais que os jardineiros - os paisagistas dividem-se condicionalmente nos seguintes grupos:

1. Plantas do pântano - as raízes estão em solo húmido e as folhas e flores estão acima do solo.
2. Plantas costeiras - as raízes estão no solo debaixo de água e a maior parte do rebento está no ar.
3. As plantas são geradoras de oxigénio - a própria planta está na coluna de água e as suas flores (se existirem) estão na superfície da água ou debaixo de água.
4. Plantas flutuando na superfície da água - as suas raízes estão na coluna de água ou no fundo do solo, folhas e caules flutuam perto da superfície da água, flores (se houver) estão à superfície da água ou acima da água.
5. Plantas que têm as suas raízes no fundo do solo, as suas folhas na superfície da água e as suas flores sobre ou acima da água.

Este último grupo inclui várias espécies da família *Nymphaeaceae* e, em primeiro lugar, espécies e variedades do lírio *(Nymphaea candida),* lírio de água *(Nyphar luteum)* e ninfóides *(Nymphoides peltata).* O número de cultivares de lírio-do-vale só nas dezenas de cultivares. Dependendo do tamanho das suas flores e folhas são divididas em quatro grupos: anã, pequena, média e grande. Existem várias espécies e variedades de lírios de água para fins decorativos. Não existe uma classificação unificada de espécies e, além disso, variedades de plantas ninfáceas entre os especialistas - paisagistas. Os lírios tropicais não são adequados para o cultivo nas massas de água abertas da zona média do nosso país.

As plantas flutuantes dão sombra à água; isto protege-a do sobreaquecimento e impede o desenvolvimento de microalgas. As plantas são colocadas no lado ensolarado das lagoas de pé. Algumas espécies podem tolerar um ligeiro sombreamento e água corrente.

As plantas que flutuam na superfície da água crescem muito rapidamente e podem cobrir a superfície do tanque com um tapete contínuo. É difícil limitar o crescimento destas plantas em grandes massas de água. Muitas plantas deste grupo formam botões de invernada (turiões) no Outono, que descem para o fundo, onde permanecem até ao início da próxima estação de crescimento. As plantas mais pouco exigentes são: Hydrocharis *(Hydrocharis morsus-ranae),* todas as espécies de lentilha-de-água *(Lemna),* polyrrhiza *(Spirodela polyrrhiza),* algumas espécies de castanha-de-água *(Trapa),* teleres *(Stratiotes aloides),* vesicularia *(Utricularia vulgaris)* e outras.

As plantas oxigenadoras são um dos principais grupos cujas espécies previnem a poluição da água e servem como alimento e local de desova para muitos peixes. As partes vegetais subaquáticas absorvem minerais e dióxido de carbono da água e impedem o desenvolvimento de algas. As plantas mais pouco exigentes são as seguintes espécies: *Ceratophyllum demersum*, Elodea *canadensis, Myriophyllum spicatum, M. verticillatum, Potamogeton.*

Em combinação com plantas flutuantes, as plantas da costa têm uma função decorativa ao suavizar a fronteira entre a água e a costa; as suas flores e folhas embelezam o corpo de água durante a época de crescimento. Há muitas espécies de plantas ripícolas. Os mais

As espécies comuns são: castanheiro de água (*Acorus*), lírios (*Alisma*), erva de sofá *(Caltha)*, junco *(Carex), junco,* íris *(Iris),* lobélia *(Lobelia), miosótis,* araruta (*Sagittaria*), junco (*Scirpus*), bardana *(Sparganium)*, rabo de gato (*Typha*) e outros.

As plantas de zonas húmidas (os hidro botânicos referem-se a este grupo de plantas como "costeiras") requerem húmidas, não secam e são ricas em solo de matéria orgânica. Ao mesmo tempo, não toleram a estagnação da água. As plantas mais conhecidas e mais utilizadas para o paisagismo são as seguintes: *Sparganium Sparganium* spurge (*Aruncus*), astilbe (*Astilbe*), meadowsweet = meadowsweet *(Filipendula)*, meadowsweet *(Trollius)*, gravil (*Geum*), lírio (*Hemerocallis)*, A planta é uma planta com o mesmo nome, mas é uma planta com o mesmo nome, e a planta com o mesmo nome é uma planta com o mesmo nome, e a planta com o mesmo nome é uma planta com o mesmo nome, e a planta com o mesmo nome.

Mais detalhes sobre as peculiaridades da biologia vegetal ornamental, agrotecnia de cultivo, métodos de reprodução de várias espécies e variedades, protecção contra pragas são apresentados em literatura especial (Ilyukhina, 2002; Hesseien, 2003).

GLOSSÁRIO DE TERMOS

Factores abióticos - factores ambientais causados pela influência da natureza não viva (por exemplo, temperatura, humidade, etc.)

Forma **autotrófica** - (de *autos* gregos - auto e *tropelina* - para alimentar) de alimentar organismos vivos, baseada na capacidade de sintetizar substâncias orgânicas a partir de substâncias inorgânicas utilizando energia do sol (fotossíntese) ou energia libertada durante reacções químicas (quimiossíntese).

A **adaptação** é o processo e o resultado da adaptação das plantas às condições ambientais. É feita uma distinção entre a adaptação filogenética, que é realizada através da variabilidade, hereditariedade e selecção natural ou artificial, e a adaptação ontogenética, que é observada durante a ontogénese das plantas.

Fixadores de azoto, organismos fixadores de azoto são microrganismos capazes de transformar o azoto atmosférico em compostos químicos que podem ser assimilados pelas plantas.

Aclimatação -1. Um complexo de medidas para a aclimatação do corpo, de importância económica, para novos habitats. 2. Adaptação das plantas introduzidas às novas condições edafo-climáticas.

A **alelopatia** é a influência exercida por organismos de uma espécie sobre organismos de outras espécies através da libertação de diferentes substâncias no seu ambiente comum.

Os **aloquoros** são plantas disseminadas por vários factores externos: vento, pessoas, animais, água, transporte, etc.

Alochthons são espécies vegetais que ocorrem numa determinada área mas surgiram fora dessa área - introdutores naturalizados.

A **amonificação** é um processo de decomposição de compostos orgânicos por microrganismos acompanhado pela formação de amoníaco, Devido à amonificação, o azoto dos compostos orgânicos é convertido em forma mineral.

A **anabiose** (de *anabiosos* gregos - regresso à vida) é um estado de organismo em que os processos de vida são tão retardados que todas as manifestações da vida estão ausentes. A anabiose permite que algumas espécies sobrevivam a períodos extremamente adversos.

Os **organismos anaeróbios, anaeróbios** são organismos (muitas bactérias, alguns protozoários e invertebrados) que podem existir na ausência de oxigénio livre no ambiente.

A **anemofilia** é a polinização das plantas pelo vento.

Antagonista (do *antagonismo* grego - esporo, luta) é um organismo que domina e oprime a actividade vital de organismos de outra espécie.

As **substâncias antibióticas** (do grego anti- e biovida) são substâncias que inibem o desenvolvimento de certos microrganismos e perturbam o seu metabolismo. Estes são, por exemplo, antibióticos, sulfonamidas, etc.

Anemocória é a propagação de frutos e sementes pelo vento.

As antropófitas são plantas permanentemente encontradas em fitocenoses como resultado de uma influência humana inconsciente ou intencional.

Antropófobos (sinónimo de **hemerófobos**) - plantas que não podem tolerar da actividade económica humana.

Factores antropogénicos - factores causados pela influência humana e actividades económicas.

Os antropóforos são plantas disseminadas pelos efeitos do homem e das suas actividades.

Areal (de *área* latina, área) é um conjunto de territórios ou áreas aquáticas ocupadas por populações de uma dada espécie de organismos.

Associação - (de Late Lat. *associatio*- ligação) 1. Um grupo de espécies que vivem no mesmo local. 2. Duas ou mais espécies ligadas por algum tipo de relação. 3. Um grupo de fitocenoses homogéneas com uma estrutura e composição de espécies semelhantes.

Assimilação (do latim *assimilatio*- correspondência) - transformação de substâncias do ambiente externo para o corpo do organismo.

Outecologia (de *autos* gregos - self, *oikos* - home e *logos* - ensino) é a ecologia de espécies individuais de animais, plantas e microrganismos.

Apóticos (de *fotos* gregas - luz e a-deprived) - privados de luz.

Os acidófilos são plantas que crescem normalmente apenas num ambiente ácido.

Organismos aeróbicos, aerobes - organismos que podem existir na presença de oxigénio livre no ambiente (a grande maioria de animais e plantas, assim como muitos microrganismos).

Bentónico (do *bentos* grego - profundidade) - um conjunto de organismos que vivem no fundo, no solo dos corpos de água ou na sua proximidade imediata. Divide-se em fitobenthos (plantas do fundo) e zoobentos (animais do fundo).

Bioacumulação (acumulação) - (da bio-vida grega e da *acumulação* latina) acumulação em organismos vivos de substâncias químicas poluentes

Biogénicos, substâncias biogénicas - (do grego *bios* - vida e *genes* - dar à luz, nascer) - 1. Substâncias químicas (elementos) necessárias à vida das plantas (por exemplo, carbono, fósforo, azoto, etc.). 2. Substâncias que são os produtos de organismos vivos. 3. Substâncias resultantes da decomposição de organismos.

A biogeocenose é uma unidade territorial elementar da estrutura da biosfera, uma parte homogénea da biosfera, incluindo toda a totalidade da biota e as condições da sua existência. Os limites das biogeocenoses são determinados pelos limites das fitocenoses. O indicador mais significativo da presença de uma biogeocenose é um organismo, espécie ou comunidade, cuja presença ou condição é utilizada para julgar as mudanças no ambiente, incluindo a presença de poluentes e o grau de poluição no ambiente.

O tratamento biológico baseia-se na capacidade dos microrganismos de destruir (mineralizar) substâncias orgânicas (poluentes) contidas no ambiente.

Biota - A totalidade da flora e fauna de uma determinada área.

111

Factores bióticos - factores devidos ao impacto dos seus componentes vivos, por exemplo, condições de plantas individuais ou associação de plantas, associados às actividades de outras plantas e animais (sombreamento, pisoteio, dispersão de sementes por animais, etc.).

Biótopo: Um conjunto de factores de habitat dentro de um ecossistema ou biogeocenose.

Biocenosis - (do grego *bios* - vida e *koinos* - comunidade comum) (complexo de organismos vivos) que estão interligados, ocupam um determinado território, adaptados ao ambiente e uns aos outros e ligados num único todo, mudando com as mudanças nas condições ambientais ou com o número de espécies individuais. Os recursos de biocenosis são estimados sob a forma de produtividade biológica.

Época de crescimento - 1. Um período do ano em que, de acordo com as condições meteorológicas, o crescimento e desenvolvimento das plantas é possível. 2. O tempo necessário para que uma planta passe por um ciclo completo de desenvolvimento.

A vermicultura é a criação de minhocas em cativeiro para produzir a sua biomassa e biohumus - o produto do processamento de estrume e outros resíduos orgânicos por minhocas.

Uma espécie é um grupo de populações efectiva ou potencialmente cruzadas cujos organismos são incapazes de se cruzarem com quaisquer outros organismos, produzindo descendentes capazes de reprodução.

Águas - frescas (mineralização inferior a 1 g/l), salobras (mineralização 1-10 g/l), salgadas (mineralização 10-50 g/l); salmouras (mineralização mais de 50 g/l).

A ocorrência reflecte em biogeografia a distribuição total e a abundância de uma espécie vegetal ou animal. É definida como a percentagem de locais de amostragem em que a espécie é encontrada a partir do número total de locais colocados na biocenose.

As halófitas são plantas adaptadas para viver em solos salinos e, portanto, são indicadores de solos salinos.

Helophytes (plantas de água do ar) são plantas enraizadas cujo corpo vegetativo está localizado tanto na água como acima da sua superfície. As plantas deste grupo ocupam baixios costeiros com profundidade até 1 -2 m.

Os herbicidas são preparações químicas, do grupo dos pesticidas para matar vegetação indesejada (ervas daninhas); a sua utilização em muitos países está regulamentada por lei.

Os heterotrofos (de heteros-outros gregos e de alimentos de tropelina) são organismos que se alimentam de matéria orgânica acabada de origem animal ou vegetal, sem pigmentos fotossintéticos.

Hygrohelophytes (plantas de borda de água) - plantas que habitam tipicamente baixos níveis de inundação costeira, área de borda de água e planícies costeiras com profundidades de até 20-40 cm.

As higrófitas são plantas de habitats húmidos (florestas e prados húmidos e alagados, faixa costeira).

Hidrobiota são organismos aquáticos.

A **hidrobiologia** é a ciência dos organismos que vivem no meio aquático, as suas relações uns com os outros e com as condições do habitat.

A **hidro-botânica** é a ciência das plantas aquáticas e processos de sobrecrescimento em reservatórios e cursos de água.

Hidrófitas (plantas de água verdadeira) são plantas que requerem contacto constante do seu corpo vegetativo com o ambiente aquático para o seu ciclo de vida normal.

Hypolimnion - (do grego - *hipo* - sob, abaixo e *limnion* - lago) - uma camada profunda de água num corpo de água abaixo da camada de salto de temperatura; caracterizado por uma lenta troca de água e uma ligeira diminuição da temperatura com profundidade.

húmus - (do latim - terra, solo) - húmus, agregado de matéria orgânica do solo, água, formado como resultado da transformação bioquímica de resíduos orgânicos. O húmus é constituído por ácidos húmicos e ácidos fúlvicos. Os principais elementos da nutrição vegetal estão contidos no húmus.

A **desnitrificação** é o processo de redução de nitratos a azoto molecular por bactérias em condições anaeróbias. Conduz ao esgotamento do solo de compostos de azoto.

O determinante é uma espécie de diagnóstico que indica as condições do tipo de terra.

Detritos - resíduos orgânicos parcialmente destruídos que já sofreram alterações significativas devido às actividades dos organismos, bem como aos processos físicos e químicos.

Destruição da matéria orgânica - mineralização da matéria orgânica com a participação de microrganismos a simples compostos minerais - biogénicos.

As espécies **dominantes** são as espécies mais abundantes na fitocenose.

Água dura - com o teor total de iões de cálcio e magnésio superior a 4 mmol/l. Distinguem-se águas de dureza média (4-8 mmol/l), duras (8-12 mmol/l) e muito duras (mais de 12 mmol/l).

A **viabilidade** é uma medida de resistência dos organismos e das populações às perturbações ambientais. Os critérios de viabilidade podem incluir: intensidade de reprodução, competitividade em relações interespecíficas e intraespecíficas, adaptabilidade às condições abióticas, taxa de crescimento anual, etc.

A **vegetação anfíbia** é uma planta que pode percorrer todo o seu ciclo de vida como uma planta de água verdadeira e uma planta terrestre...

Vegetação zonal - comunidades vegetais que reflectem mais de perto as condições da zona e que não se encontram noutras zonas.

Zooplâncton - (do grego zoon-animal e *plâncton* - vagando) - um conjunto de organismos animais que vivem na coluna de água e são transportados passivamente pela água. É feita uma distinção entre fitoplâncton e bacterioplâncton.

Zoochoria é a propagação de esporos, sementes e frutos com a participação de animais.

O sedimento é um sedimento não compactado saturado de água finamente disperso formado no fundo dos corpos de água; contém 30-50% de partículas com um diâmetro inferior a 0,01 mm.

A **invasão** é o processo de introdução de uma nova espécie numa fitocoenose.

Introdução - 1. A introdução bem sucedida (geralmente por actividade humana) de uma espécie exótica em complexos naturais locais. 2. A transferência deliberada ou acidental de uma espécie de organismo fora do seu habitat natural.

Uma caloria é uma unidade de calor. 1 caloria é a quantidade de calor necessária para aquecer 1 g de água, que tem uma temperatura de 15oC, em um grau.

As **águas ácidas** são águas com um pH inferior a 5,0.

Clímax (do grego *klímax* - escada) - a fase final da sucessão; uma comunidade em relativa conformidade e equilíbrio dinâmico com o ambiente. Muda muito lentamente.

Comensalismo - (do latim *cum*- juntos e *mensa*- mesa) - coexistência independente de animais ou plantas sem se prejudicarem uns aos outros.

Um consórcio é uma unidade de estrutura de biocoenose que une uma planta autotrófica ou a sua população e organismos heterotróficos que existem às suas custas ou utilizam a planta como casa.

Os consumidores são organismos que utilizam matéria orgânica prontamente disponível para a alimentação.

Xenobióticos (do grego xenos-foreign e bios-vida) - substâncias estranhas à natureza viva, produtos que até há pouco tempo estavam ausentes do nosso planeta.

As Xerófitas são plantas que crescem em áreas secas e são capazes de suportar um abastecimento de água inadequado.

Paisagem - um complexo territorial natural, ou seja, uma área homogénea em termos de combinação de componentes (por exemplo, vegetação, etc.) e condições de desenvolvimento.

Um **factor limitativo** é um factor que se encontra em tal escassez ou, pelo contrário, em excesso que limita a possibilidade de existência normal de uma população, espécie, comunidade de organismos, etc.

Limnion - (do grego *limnion* - lago) - uma área de água livre em lagos.

A **limnologia** (do grego *limnion* - lago) é uma ciência que estuda as massas de água continentais com troca retardada de água (lagos, reservatórios); utiliza métodos de hidrologia, hidrobiologia, hidrofísica, geomorfologia, etc.

Littoral - (do latim *litoralis* - litoral, costeira) - uma zona costeira ecológica de um corpo de água. Nos mares, uma área do fundo marinho que é inundada na maré alta e drenada na maré baixa.

As mesoxerófitas são plantas encontradas em condições que transitam de secas para moderadamente húmidas.

As mesófitas são plantas de habitats moderadamente húmidos.

Habitat é um conjunto de condições ambientais para uma fitocenose, incluindo localização ou **entopia, ou seja,** posição no terreno, e um conjunto de factores de actuação directa e regimes ambientais.

Migrantes - de um modo geral, todos os organismos que se deslocam de uma área para outra; estritamente falando, sinónimo de allochthons.

Mosaicidade da fitocenose - heterogeneidade espacial da fitocenose causada por factores internos.

Monitorização (do latim *monitor* - supervisão) - monitorização de alguns objectos do ambiente natural e aviso sobre a sua ocorrência, alterações e situações críticas, prejudiciais ou perigosas para os organismos vegetais ou animais, objectos naturais e antropogénicos.

Mutualismo (do latim *mutuus* - mutualismo) é um tipo de relação entre espécies em que ambas as espécies beneficiam da convivência.

Águas macias - águas com teor total de iões de cálcio e magnésio não superior a 4 mmol/l.

Neuston (de *neustos* gregos - flutuantes) um conjunto de organismos que vivem na película superficial do ambiente aquático de qualquer corpo de água (por exemplo, cusspot, moscas-d'água).

Nekton (de grego *nektos* - flutuante) - um conjunto de organismos com capacidade de movimento activo no ambiente aquático.

Os neófitos são espécies vegetais que surgiram recentemente na área.

Comunidades instáveis são comunidades que estão sujeitas a rápidas mudanças e mudanças ao longo do tempo.

A nitrificação é a conversão de amoníaco e sais de amónio em nitratos por microrganismos aeróbicos. Conduz a um aumento do conteúdo de formas de azoto disponíveis para as plantas no ambiente.

Estratificação térmica inversa - aumento da temperatura desde a superfície até ao fundo de um corpo de água (dentro de 0 a 4oC). É normalmente observado no Inverno em massas de água de latitudes temperadas.

As oxilófitas são plantas de solos e águas pantanosas e ácidas com oxigénio.

Os oligotrofos são plantas com baixos requisitos nutricionais para solos e corpos de água.

Lagos oligotróficos - lagos com baixos nutrientes para organismos aquáticos. Caracterizam-se geralmente por grandes ou médias profundidades (30-70 m ou mais), encostas íngremes do leito do lago, água fria e muito transparente, elevado teor de oxigénio na camada de águas profundas (por exemplo, lagos de Karelia, lagos de montanha do Cáucaso, Altai, etc.).

Ornitochores são plantas com jangadas, sementes e esporos espalhados por aves.

A **protecção da natureza** é um conjunto de medidas internacionais, estatais, regionais, administrativas   ,   legais e   tecnológicas, científico,   económico e sócio-político medidas   destinadas a manter a produtividade   , as virtudes recreativas e outras da natureza para o benefício da humanidade.

O **parasitismo** é um tipo de relação entre espécies de organismos em que os membros de uma espécie existem à custa dos nutrientes de organismos de outra espécie.

Pelagial - (de *pelagos* gregos - mar) - a coluna de água dos reservatórios como habitat para os organismos.

A **época de crescimento** é a parte do ano durante a qual o crescimento e desenvolvimento das plantas é possível.

Plâncton - um conjunto de organismos que habitam a coluna de água dos corpos de água e são transportados passivamente pela água.

A **densidade populacional** é a razão entre o número de organismos de uma determinada espécie e a unidade de volume ou área que ocupam.

Uma população é um agregado de indivíduos da mesma espécie que interagem entre si e habitam juntos um território comum, mais ou menos isolado dos territórios ocupados por outras populações da espécie.

Concentração Máxima Permitida (MPC) - A quantidade de uma substância nociva no ambiente que tem pouco ou nenhum efeito sobre os organismos ou a saúde humana.

Os **produtos** (do latim *producentis* - produzir, criar) são organismos autotróficos que realizam a síntese primária de substâncias orgânicas (produtores primários).

Os **mamófitos** são plantas de habitats arenosos.

As **psicrofitas** são plantas de solos frios e geralmente pobres e ácidos.

Gramíneas - gramíneas que não sejam cereais, sedimentos e leguminosas.

As **flutuações vegetais** são alterações anuais na fitocenose causadas por mudanças nas condições do seu habitat em diferentes anos. Caracterizam-se pela não direcionalidade, reversibilidade e relativa estabilidade da composição florística.

Uma comunidade vegetal é uma combinação de plantas historicamente desenvolvidas numa determinada área. Tem uma certa composição de espécies, estrutura e habitat e cria o seu próprio fitoambiente.

Reduções são organismos (principalmente bactérias) que decompõem a matéria orgânica para eventualmente produzir minerais.

Área recreativa - destinada à recreação.

A **pressão recreativa** é a intensidade do impacto humano sobre o ambiente durante a recreação no seio da natureza.

O **relevo** é a forma da superfície. Pode ser positivo (relativamente elevado, convexo) e negativo (rebaixado, côncavo).

A **auto-purificação do ambiente** é um processo contínuo de utilização biológica e físico-química e de neutralização de substâncias que poluem o ambiente.

Sapropel é um sedimento lacustre que contém pelo menos 15% de matéria orgânica (OM). Por sua vez, o sapropel é subdividido em orgânico (conteúdo orgânico não inferior a 70%), mineral-orgânico (conteúdo orgânico na ordem dos 70-50%), orgânico-mineral (conteúdo orgânico na ordem dos 50-30%) e mineral (conteúdo orgânico na ordem dos 30-15%). A matéria orgânica do sapropel consiste em detritos amorfos, que é uma massa coloidal sem estrutura de restos vegetais e animais completamente destruídos e os próprios restos vegetais e animais, preservando a estrutura celular ou representados pelos seus esqueletos. O teor de cinza de sapropels varia de 4% a 85%, mas os sapropels mais comuns são 40-50% de teor de cinza.

As **saprófitas** são plantas que se alimentam de matéria orgânica de organismos mortos e excrementos de organismos vivos. São referidos os heterotróficos.

A **sinecologia** (do grego *syn-* together e ecologia) é um ramo da ecologia dedicado ao estudo da vida de comunidades multiespecíficas de animais, plantas e microrganismos (biocenoses).

A **taxa de crescimento excessivo** é o tempo da mudança sucessória das comunidades vegetais desde o início até ao fim do crescimento excessivo do corpo de água.

Splavina - Um tapete vegetal de plantas vasculares e musgos deitados à superfície da água e geralmente associados à costa.

Ambiente abiótico - todas as forças e fenómenos da natureza, cuja origem não está directamente relacionada com a actividade vital dos organismos vivos.

Ambiente biótico -   fenómenos naturais que lhes devem as origens das actividades dos organismos vivos.

Estagnação da água - fenómeno estagnado num corpo de água.

Stasis - 1. O habitat de uma população; 2. a parte do habitat utilizada pelos organismos durante um período limitado (diurno, nocturno, sazonal, etc.) ou para uma determinada função.

Estratificação da água - divisão da coluna de água em camadas de diferentes densidades (dependendo da temperatura, salinidade, composição química da água). A presença de um gradiente de densidade vertical impede a mistura das águas.

Os **estenótipos** são espécies de estreita amplitude ecológica.

A **estrutura da fitocoenose** é a disposição espacial de diferentes elementos de uma fitocoenose - populações, indivíduos ou partes deles. É feita uma distinção entre estrutura vertical e horizontal.

Comunidade, comunidade biótica, biocoenose, associação: um conjunto de populações que habitam um determinado território ou biótopo. Uma espécie de unidade organizacional que possui algumas propriedades especiais não inerentes aos seus componentes constituintes - indivíduos e populações - e funciona como um todo através de transformações metabólicas inter-relacionadas. A comunidade biótica é a parte viva de um ecossistema. O termo "comunidade biótica" é amplamente compreendido e utilizado para se referir a agrupamentos naturais.

As **Therophytes** são plantas anuais que passam o Inverno na fase de semente.

A **toxicidade** (do grego *toxikon* - veneno) é a capacidade de algumas substâncias químicas terem um efeito nocivo (venenoso) nas plantas, animais e seres humanos. Em muitos casos, depende da concentração da substância.

Tolerância é a resistência das plantas à acção de factores ambientais adversos - bióticos ou abióticos. O intervalo entre o mínimo ecológico e o máximo ecológico de uma espécie é denominado limites de tolerância.

A turfa é uma acumulação de resíduos vegetais que sofreram uma decomposição incompleta em pântanos (ou reservatórios) com fraco acesso ao ar e elevada humidade. Em termos de aparência, os diferentes tipos de turfa são, num caso, homogéneos em composição e massa de cor, noutro - fibrosos ou mais plásticos (com um elevado grau de decomposição). Contém 50-60% de matéria orgânica.

As espécies **ubíquas** são espécies vegetais e animais com uma valência ecológica muito ampla, tendo frequentemente enormes áreas de distribuição. Por exemplo, a cana comum cresce dos trópicos para o Árctico, em massas de água e em terra, em argila e em solo arenoso.

A **resiliência paisagística** é a capacidade de uma paisagem manter a sua estrutura e características funcionais a longo prazo.

Factor antrópico (sinónimo de **factor antropogénico**) - alterações feitas à natureza pelas actividades humanas que afectam o mundo orgânico.

A **fenologia** é a ciência dos ritmos sazonais de desenvolvimento das plantas e dos animais. Estuda fenómenos periódicos no desenvolvimento do mundo orgânico na sua dependência das estações, condições climatéricas em diferentes zonas climáticas.

A **fitocoenose** é uma parte condicionalmente homogénea do continuum vegetal.
A fitocenose consiste em populações diferenciadas por nichos ecológicos e interligadas por relações.

A **flora** (da *Flora* grega, a deusa das flores e da Primavera na mitologia grega) faz parte da biota; um conjunto de espécies vegetais que habitam um determinado território ou são peculiares a um determinado período de tempo geológico. O conceito "flora" não deve ser confundido com o conceito "vegetação", uma vez que o primeiro reflecte a composição sistemática das plantas, e o segundo - a sua combinação natural (agrupamentos).

As **fluviófitas são** um grupo ecológico de plantas confinadas em crescimento para o aluvião redespositado.

A **formação** é uma unidade de classificação de uma comunidade vegetal, que une grupos de associações com uma espécie comum - um edificador.

Cenose - uma comunidade, em geral, sinónimo do termo "biocenose" (fitocenose, microcenose).

Uma **cenopopulação** é um conjunto de indivíduos da mesma espécie dentro de uma fitocoenose.

Águas alcalinas - águas com pH superior a 8,0 (em regra, são águas hidrocarbonadas em que a soma de quantidades equivalentes de iões sódio e potássio é superior à soma de quantidades equivalentes de iões cálcio e magnésio).

Os eurybiontes são organismos com uma ampla valência ecológica que se adaptam a diferentes habitats.

Os Euritópteros são espécies de grande amplitude ecológica, geralmente consistindo em vários ecótipos substitutos.

A **eutrofização (eutrofização)** é o processo pelo qual as águas são enriquecidas com nutrientes necessários para o crescimento de plantas e animais aquáticos. O resultado do envelhecimento natural de um corpo de água, ou da sua fertilização ou poluição, resultando na perturbação dos ecossistemas estabelecidos.

Lagos eutróficos - reservatórios com elevado teor de nutrientes, geralmente rasos (até 10-15 m), bem aquecidos no Verão. A transparência da água é baixa, o plâncton e os bentos são abundantes. No Inverno, o teor de oxigénio diminui acentuadamente em direcção ao fundo. No Verão a água "floresce" normalmente devido ao desenvolvimento do fitoplâncton.

Ecobiomorph é um conjunto de características morfológicas, fisiológicas e ecológicas de uma planta.

Ecologia - (do grego *oikos* - casa e *logótipos* - ensino) - a ciência que estuda a relação entre os organismos e o ambiente.

A **valência ecológica** é a capacidade de uma espécie habitar um ambiente caracterizado por maiores ou menores diferenças nos factores ambientais.

Nicho ecológico -1. A totalidade do físico, químico, factores fisiológicos e bióticos necessários para a vida de um organismo com certas características ecológicas. A mesma espécie pode ocupar nichos ecológicos diferentes em diferentes partes da sua gama; o mesmo nicho ecológico pode ser ocupado por espécies diferentes em localizações geográficas diferentes. 2. J. Hutchinson considera um nicho ecológico como algum espaço em que as condições ambientais permitem uma existência indefinida de indivíduos da espécie.

Ecotone é uma zona de transição entre as fitocenoses na classificação ecológica e florística da vegetação.

Os exploradores são plantas especializadas para a vida em habitats perturbados.

Endoecogénese é a sucessão autógena resultante de alterações nas condições ambientais pela vegetação.

Entopy é a localização de uma comunidade, definida principalmente pela sua posição na topografia.

Os eutróficos são plantas de solos ricos.

Um nível é um elemento da estrutura vertical de uma fitocoenose.

LITERATURA

Abramov V.N. Sobre o significado da espessura das algas kharov na vida dos lagos. - Botanical Journal, vol. XL1V (5), 1959.

Alexandrova V.D. Dinâmica da cobertura vegetal. - In: "Field Geobotany", M.-L., vol. 3, 1964.

Alekin O.A. Eutrofização de lagos. - Recursos hídricos, n.º 4, 1979.

Alekseev V.V. Estabilidade dinâmica das biogeocenoses aquáticas. - Recursos hídricos, No.3, 1973.

Alekhin V.V. Problemas Teóricos de Fitocenologia e Estudos de Estepe. - M., 1986.

Alimov A.F. Introdução à hidrobiologia produtiva. - L., Hydrometeoizdat, 1989.

Arabina I.P., Savitsky B.P., Rydny S.A. Benthos de canais de recuperação de Polesie. - Minsk, Urajai Publishing House, 1988.

Métodos de **T.I. Astapovich** para determinar a fotossíntese de macrófitas em corpos de água pouco profundos. - Na colecção: "Reunião sobre a metodologia da investigação hidrobiológica para o desenvolvimento da pesca de reservatórios", 1967.

Barseghyan A.M. Em algumas regularidades da distribuição da vegetação de sapal no Vale de Ararat. - Actas da Academia das Ciências da República Socialista Soviética da Arménia. República Socialista Soviética da Arménia, v.13, 1961.

Beydeman I.N. Metodologia de estudo da fenologia das plantas e comunidades vegetais. - Novosibirsk, 1974.

Belavskaya A.P., Alterações da vegetação superior do reservatório de Rybinsk devido a flutuações do seu nível em 1954-1955. - Actas do Instituto de Biologia dos Corpos de Água Interior, Borok, 1958.

Belavskaya, A.P. Vegetação da secção Penovo-Lokhovo do reservatório de Verkhnevolzhskoe. - Botanich. journal, vol. 54, no. 3, 1969.

Belavskaya A.P. Ao método de estudo da vegetação aquática. - Actas da 1ª Conferência All-Union "Higher aquatic and coastal-water plants", Borok, 1977.

Belavskaya A.P. Plantas aquáticas da Rússia e estados adjacentes. - São Petersburgo, 1994.

Belavskaya A.P., Kutova T.N. Vegetação da zona de inundação temporária do Reservatório de Rybinsk. - Proc. Instituto de biologia das águas interiores, Borok, 1966.

Belavskaya A.P., Serafimovich N.B. Produção de macrófitas de alguns lagos da região de Pskov. - No livro "Vegetable resources", L., vol. 3, 1973.

Belokon G.S. Composição florística e características cenológicas da vegetação dos canais no sul da Ucrânia. - Kiev, 1977.

Biocino A.A. Para o estudo da produção primária de plantas aquáticas. - Proc. of 1 All-Union Conference "Higher aquatic and coastal-water plants", Borok, 1977.

Bogachev V.K. Sobre o desenvolvimento da vegetação aquática no Reservatório de Rybinsk. - Tr. da estação biológica "Borok", 1950.

Bogdanovskaya-Gienev I.D. Sobre algumas questões básicas da ciência do pântano. - Revista Botanich., n.° 3, 1946.

Bogdanovskaya-Gienev I.D. Materiais para o estudo dos lagos da planície de inundação do Volga na região de Saratov. - Proc. Sociedade de Leninegrado de Naturalistas, vol. 3, vol. 70, 1950.

Bogdanovskaya-Gienev I.D. Vegetação aquática da URSS. - Botanical Journal, No. 12, 1974.

Borutsky E.V. Materiais sobre a dinâmica da biomassa de macrófitas em lagos. - Proc. VGBO, vol. 2, 1950.

Bouillon V.V. Produção primária de plâncton de massas de água interiores. - L., Nauka, 1983.

Cabina V.I., Cabina N.V. Dispositivo para a recolha de fitocenoses aquáticas. - Certificado do autor. 766555 (URSS); Aplicação. 13.07.78 No 2644636/28-13; Republ. In BI, 1980, no. 36; A 01K79/00.

Walter G. Vegetação do globo. - Moscovo, Progress, 1975.

Walter G. General geobotany. - Moscovo, Mir, 1982.

Vasilevich V.I. Ao método de selecção de associações de plantas por meio de métodos matemáticos. - Л., 1971.

Vasiliev N.G. Regularidades geográficas de distribuição das florestas de vales na bacia do rio Ussuri. - Vladivostok, 1962.

Vaulin G.N., Zubareva E.L. Wallisneria na lagoa de arrefecimento de Upper Tagil. - No livro "Structure and functions of aquatic biocenoses, their rational use and protection in the Urals", Sverdlovsk, 1979.

Vereshagin A.A. Lagos de Altai Krai. - Proc. da expedição Altai da Sociedade Geográfica. - M., 1925.

Verigin B.V. Resultados de trabalhos sobre a aclimatação de peixes herbívoros do Extremo Oriente e medidas para o seu desenvolvimento e estudo em novas áreas. - Problemas de Ictiologia, v. 1, edição. 4 (21), 1961.

Westlake D.F. Métodos para determinar a produção anual de plantas pantanosas com rizomas fortes. - No livro "Methods of study productivity of root systems and rhizosphere organisms", L., 1968.

Vekhov V.N. Biologia da marina de Zostera L. - M., Editora da Universidade Estatal de Moscovo, 1995.

Winberg G.G. Produção primária de massas de água. - Minsk, 1960.

Winberg G.G., General-hydrobiological basis of sanitary-hydrobiological research. - No livro "Biological self-purification in the formation of water quality", Moscovo, 1975.

Vinogradov B.V. Indicadores vegetais e a sua utilização no estudo dos recursos naturais. - Moscovo, Nauka, 1964.

Vovk F.I. Excursion dispositivos hidrobiológicos quantitativos. - No livro "Tasks of scientific and research organizations in the fourth Stalin's five-year plan for the development of Siberia's fisheries". - Novosibirsk, 1948.

Volkov P.D. Capacidade de absorção de ondas da vegetação aquática do matagal costeiro. - Water Transport, #10, 1957.

Vorobyev D.P. Vegetação da parte sul do Mar da costa de Okhotsk. - Proc. Far East Branch of the USSR Academy of Sciences, v.2, M.-L., 1937.

Vorobyev D.P. et al. Identificador vegetal da região de Primorye e Amur. - M.-L., 1966.

Voronykhin N.P. Vegetação do mundo das massas de água continentais. - M.-L., 1953.

Voronov A.G. Sobre algumas adaptações de plantas às mudanças nos níveis dos lagos. - Revista Botanich. n.º 5, 1943.

Voronov A.G. Geobotany. - Moscovo, Escola Superior, 1973.

Voroshilov V.N. Identificador da planta do Extremo Oriente soviético. - M., 1982.

Gaevskaya N.S. Sobre alguns novos métodos no estudo da alimentação de organismos aquáticos. - Zool. revista zoológica, vol. 18, número 6, 1939.

Gaevskaya N.S. Direcção trofológica em hidrobiologia, o seu objecto, alguns problemas e tarefas básicas.- No livro "Collection of memory of academician S.A. Zernov", M.-L., 1948.

Gaevskaya N.S. O papel das plantas aquáticas superiores na nutrição dos animais dos corpos de água doce. - Moscovo, Nauka, 1966.

Galkina N.V. Pequena ryaska como planta forrageira. - Revista botânica uzbeque, nº 7, 1964.

Gapeka Z.I. Flora e vegetação costeira do Baixo Amur. - Tese do autor, Instituto Pedagógico Estatal de Moscovo, Moscovo, 1971.

Gapeka Z.I. Características cenológicas das higrófitas do Amur Inferior. - In Voprosy biologii, Khabarovsk, 1974.

Gigevich G.S., Zhukhovichtskaya A.L., Onoshko M.P., Generalova V.A. Estudo experimental da absorção de biogénicos por plantas aquáticas superiores. - Limnologia aplicada: Recolha de artigos científicos. Vol. 2, Minsk, 2000.

Gigevich G.S., Vlasov B.P., Vynaev G.V. Plantas aquáticas superiores da Bielorrússia. - Minsk, 2001.

Gorlenko V.M., Dubinina G.A., Kuznetsov S.I. Ecologia dos organismos aquáticos. - Moscovo, Nauka, 1977.

Grebenshchikov O. C. Dicionário geobotânico. - Moscovo, Nauka, 1965.

Greig-Smith P. Ecologia quantitativa das plantas. - M., 1967.

Grigoriev S. Lakes of Rostov uyezd. - Zemlechenstvo, 1903.

Gubanov I.A., Kiseleva K.V., Novikov V.S., Tikhomirov V.N. Identificador de plantas vasculares para a Rússia da Europa Central. - Moscovo, Argus, 1995.

Gubanov I.A., Kiseleva K.V., Novikov V.S., Tikhomirov V.N. Determinante ilustrado das plantas da Rússia Central. - M., V.1, 2002.

Gutelmakher B.L., Sadchikov A.P., Filippova T.G. Nutrição do zooplâncton. - Resultados da ciência e da tecnologia. VINITI. Ser. Ecologia Geral. Biocenologia. Hidrobiologia. vol. 6., 1988.

Dexbach N.K. Vegetação aquática e a sua importância na luta contra os efeitos da poluição industrial. - Materiais da 1ª Conferência Científica "Nature Protection in the Urals", Sverdlovsk, 1964.

Denisov N.E. Algumas questões de metodologia de estudos de mergulho de comunidades de fundo. - Oceanologia, v. 12, 1963.

Dobrohotova K.V. Associações de plantas aquáticas superiores como factor de crescimento do delta do Volga. - Proc. Reserva Estatal de Astrakhansky, Moscovo, 1940.

Dovbnya I.V. Sobre as alterações sazonais na fitomassa das comunidades de macrófitas. - Boletim de Informação. "Biology of inland water bodies", Borok, 1973.

Dovbnya I.V. Significado da vegetação hidrofílica dos reservatórios do Volga no ciclo das substâncias. - Proc. Instituto de Biologia de Águas Interscolares do Interior, Rybinsk, Volgograd, Volgograd. 42 (45), 1979.

Duplakov S.N. Para o estudo de biocenoses de objectos subaquáticos. - Revista Hidrobiológica Russa, vol. 4, № 1-2, 1925.

Duplakov S.N. Estudo do processo de incrustação no Lago Glubokoe. - Proc. Estação hidrobiológica no Lago Glubokoe, vol. 6, número 2, 3, 1925.

Duplakov S.N. Para o estudo da sujidade do lago. - Proc. Estação hidrobiológica no lago Glubokoe, vol. 6, número 5, 1930.

Duplakov S.N. Materiais para o estudo do perifíton. - Proc. Estação Limnológica em Kosino, v. 16, 1933.

Elenevsky R.A. Questões de estudo e desenvolvimento das planícies aluviais fluviais. - M., 1938.

Zhigareva N.N. Novo modelo de draga. - Biol. de Água Intra. Boletim de Informação, No 42, 1979.

Plantas de aquário **Zhdanov VS.** - M., Editora "Indústria Florestal", 1973.

Zhuravleva L.A. Influência da vegetação aquática superior no regime hidroquímico dos reservatórios da planície de inundação do Baixo Dnieper. - Revista Hydrobiol. No.1, 1973.

Zernov S.A. Hidrobiologia geral. - M.-L., 1949.

Zerov K.K. Estudo do sobrecrescimento do rio Dnieper nos seus alcances médios. - Actas do Instituto de Hidrobiologia, USSR Academy of Sciences, No. 23, 1962.

123

Zolotnitsky N.F. Plantas aquáticas para o aquário. - M., 1890.

Ivlev V.S., Influência dos canaviais no regime biológico e químico dos corpos de água.

Comunidades vegetais de **Igoshina K.N.** em aluviões de Kama e Chusovaya. - Tr. Biol. Instituto de Investigação da Universidade de Perm, Perm, 1927.

Ilyuhina V.M. 30 magníficas massas de água, M., editora Olma-Press, 2002.

Ipatov V.S. Sobre a avaliação dos dados da contabilidade projectiva. - Botanical Journal, vol. 49, 1964.

Kaspolitov E.I. Estudo da vegetação dos lagos Urais. - Notes of the Ural Society of Lovers of Natural History, Ekaterinburg, 1910.

Kabanov N.M. Plantas aquáticas superiores em relação à poluição das massas de água continentais. - Proc. Vol. 12, 1962.

Kalugina-Gutnik A.A. Phytobenthos of the Black Sea - Kiev, Naukova Dumka, 1975.

Kaminsky V.S. Métodos de desaceleração e eliminação do processo de eutrofização. - Recursos hídricos, n.º 5, 1976.

Kaminsky V.S., Gvozdeva I.E. Sobre o tratamento de águas residuais por macrófitas e algoflora. - Vodnye resursy, No 5, 1976.

Kamyshev N.S. Flora e vegetação de lagoas de estepe Kamennaya. - Boletim da Sociedade de Naturalistas da Universidade de Voronezh, Voronezh, 1961.

Kamyshev N.S. Princípios de estabelecimento, nomeação e isolamento de associações de plantas na natureza. - Botanical Journal, No. 10, 1966.

Karzinkin G.S. Uma tentativa de resolução prática do conceito de "biocenose". - Tr. Estação Hydrobiol. no Lago Glubokoe, vol. 6, vol. 2, 3, 1925.

Karzinkin G.S. Uma tentativa de resolução prática do conceito de "biocenose". - Jornal Zoológico Russo, vol. 7, vol. 1, 2, 3, 1927.

Karzinkin G.S. Para o estudo do perífiton bacteriano. -Tr. da estação limnológica de Kosino, vol. 17, 1934.

Katanskaya V.M. Biomassa da vegetação aquática superior nos lagos do istmo Karelian. - Actas do Laboratório de Ciência do Lago da Academia de Ciências da URSS, vol. 3, 1954.

Katanskaya V.M. Metodologia de investigação da vegetação aquática superior. - Life of Fresh Waters, Editora da Academia das Ciências da URSS, 1960.

Katanskaya V.M. Produtividade da cobertura vegetal de alguns lagos do istmo de Karelian. - Actas do Laboratório de Ciências do Lago da Academia de Ciências da URSS, vol. 10, 1960.

Katanskaya V.M. Vegetação aquática superior das massas de água continentais da URSS. - L., Nauka, 1981.

Katz N.Ya. Bogs of the Earth. - Moscovo, Nauka, 1971.

Kozhov M.M. Ensaios sobre Estudos Baikal. - Irkutsk, "editora de livros da Sibéria Oriental", 1972.

Kozlov O.V., Sadchikov A.P. Fishing hydrobiology of lake invertebrates - Moscovo, MAKS Press, 2002.

Kozlov O.V., Sadchikov A.P. Zadachnik po ekologii. M., MAKS Press, 2003.

Kozlovskaya N.V. Flora da Bielorrússia, regularidades da sua formação, bases científicas de utilização e protecção. - Minsk, 1978.

Kokin K.A. A influência da vegetação aquática submersa no regime hidroquímico e nos processos de auto-purificação do rio Moscovo. - Bulletin of Moscow State University, Biology, Soil Science, No. 6, 1962.

Kokin K.A. Sobre o papel das macrófitas submersas na auto-purificação de águas poluídas. - Proc. VGBO, v.14, 1963.

Kokin K.A. Ecologia de plantas aquáticas superiores. - M. Universidade Estatal de Moscovo, 1982.

Kolesnikov B.P. Esboço de vegetação do Extremo Oriente. - Khabarovsk, 1955.

Koloskov N.I. Características Agroclimáticas do Extremo Oriente Soviético. - Tr. Instituto Científico e de Investigação de Aeroclimatologia, número 15, 1962.

Komarov V.L. Áreas botânicas e geográficas da bacia de Amur. - Proc. Sociedade de Naturalistas de São Petersburgo, São Petersburgo, 1897.

Komarov V.L. Vegetação das costas marítimas da Península de Kamchatka. - Proc. Far East Branch of the USSR Academy of Sciences, série botânica, Moscovo, 1939.

Komarov V.L., Klobukova-Alisova E.N. Identificador da planta da região do Extremo Oriente. - Moscovo, Casa Editora da Academia das Ciências da URSS, 1931.

Komissarov S.V., Digamos T.N. Purificação da água por meio de plantas aquáticas e anfíbias superiores. - Proc. de Simpósios All-Union. "Scientific basis of establishing MPC in the aquatic environment and self-purification of water surface", M., Nauka, 1972.

Konstantinov A.S. General hydrobiology. - Moscovo, Escola Superior, 1972.

Kopylova A.A. Far Eastern wild rice - No livro "New for forder crops", Irkutsk, 1954.

Kordakov A.I. Vegetação costeira de lagoas e reservatórios de sedimentação secundária e o seu papel no tratamento de águas residuais industriais. - Proc. Research Institute of Non-Ferrous Metals Ore Enrichment, Moscow, No 2, 1971.

Korelyakova I.L. Algumas observações sobre a decadência da vegetação costeira de Inverno no reservatório de Rybinsk. - Boletim. Instituto de Biologia de Reservatórios, Moscovo, 1958.

Korelyakova I.L. Vegetação do reservatório de Kremenchug - Kiev, 1977.

Livro de Dados Vermelho. Espécies da flora selvagem da URSS que necessitam de protecção. - L., Nauka, 1975.

Krasovskii L.I. Sobre a biomassa de rebentos de canaviais subterrâneos nos lagos de Baraba. - Botanich. journal, vol. 47, № 5, 1962.

Kropachev L.N. Sobre a descoberta de Najas inior AU na vizinhança de São Petersburgo. - Izvestiya SPb botanicheskogo sad, No 4, 1901.

Krotkevich P.G. Para a questão da utilização de propriedades de protecção da água de canas comuns. - Vodnye resursy, No 5, 1976.

Krotkevich P.G., Papel das plantas na protecção dos reservatórios de água. - M., "Znanie" (New in Life, Science and Technology, série "Biology") № 3, 1982.

Kudryashov M.A. Comunidades aquáticas costeiras como indicadores do estado das massas de água no sul do Extremo Oriente. - Teses da 1ª Conferência All-Union. "Plantas de Água Superior e Costeira". - Borok. 1977.

Kudryashov M.A. Flora e vegetação costeira e aquática da parte sul da encosta oriental de Sikhote-Alin. - Tese de doutoramento, Voronezh, 1982.

Kudryashov M.A., Kuznetsov E.A. Fungos epífitos das comunidades de águas costeiras da foz do rio Zerkalnaya em Primorsky Krai. - Mate. Material de Voprosy. "Ecossistemas e organismos aquáticos - 2", Moscovo, 2000.

Kudryashov M.A., Sadchikov A.P., Introdução à hidro-botânica das massas de água continentais (aspectos hidrobiológicos). - Moscovo, MAKS Press, 2002.

Kuzin P.S. Classificação dos rios e zoneamento hidrológico da URSS. - Л., 1960.

Kuzmichev A.I. Hidrobotânica no sistema de ciências da vegetação. Actas da Conferência Luso-Russa sobre Plantas Aquáticas "Hydrobotany - 2000", Borok, 2000.

Kuzmichev A.I. Hygrophilous flora do Sudoeste da planície russa e sua génese, - Gidrometeoizdat, SPb, 1992.

Kuznetsov E.A., Kudryashov M.A. Fungos aquáticos em plantas marinhas e halófitas superiores da costa sul de Sakhalin. - Mate. Conf. "Ecossistemas e organismos aquáticos - 3", Moscovo, 2001.

Kuznetsov S.I. Microflora de lagos e a sua actividade geoquímica. - L., Nauka, 1970.

Kurentsova G.E. Vegetação de Primorsky Krai. - Vladivostok, Far Eastern Book Publishing House, 1968.

Kutova T.N. Características ecológicas das plantas na zona temporariamente inundada da parte norte da represa de Rybinsk. - Tese de doutoramento, Universidade Estatal de Leningrado, 1957.

Kutova T.N. Geografia de plantas aquáticas dentro da URSS. - Proc. of 1 All-Union Conference "Higher aquatic and coastal-water plants", Borok, 1977.

Lapirov A.G. Termos e conceitos básicos de hidrobotânica. - Botanical Journal, vol. 87, no. 2, 2002.

Lepilova G.K. Plantas aquáticas e o seu papel no crescimento excessivo de lagos e formação de pântanos. - No livro "Lakes of Karelia", Petrozavodsk, 1930.

Lepilova G.K. Instrução para o estudo de campo da vegetação aquática superior.

Lipina A.N. Águas doces e a sua vida. - Moscovo, Uchpedgiz, 1950.

Lipins N.N. e A.N. À metodologia dos trabalhos hidrobiológicos. - Tr. Laboratório de

Sapropel Génesis, vol. 1, 1939.

Lisitsina L.I., Papchenkov V.G., Artemenko V.I. Flora de corpos de água da bacia do Volga. - São Petersburgo, Gidrometeoizdat, 1993.

Lisitsyna L.I., Papchenkov V.G. Flora dos corpos de água da Rússia. - Moscovo, Nauka, 2000.

Lomakina L.V. Microfauna fitofílica do reservatório de Saratov. - Biol. ciências, No. 8, 1980.

Lopatin V.D. Water Figure - L., Editora da Universidade Estatal de Leninegrado, 1951.

Lukina E.V., Nikitina I.G. Protecção de lagos e vegetação aquática na região de Gorky. - Proc. Instituto Agrícola Gorky, 1977.

Lukina E.V., Smirnova N.N. Fisiologia das plantas aquáticas superiores. - Kiev, Naukova Dumka, 1988.

Makrushin A.V. Análise biológica da qualidade da água. - L., Editora ZIN, 1974 a.

Makrushin A.V. Índice bibliográfico sobre "Análise Biológica da Qualidade da Água" com a lista de organismos-indicadores de poluição. - L., Editora ZIN, 1974 b.

Markov M.V. Condições naturais de desenvolvimento da vegetação na planície de inundação. - Uch. zapiski Kazanskogo un-ta, série botânica, Kazan, No. 4, 1950.

Matveev V.I. Um esboço da história do estudo da flora e vegetação dos corpos de água na URSS. - Proc. In: Kuybishev Pedagogical Institute, Kuybishev, 1973.

Matveev V.I. Sobre a influência de factores antropogénicos na vegetação dos lagos do arco de boi. - Proc. Instituto Pedagógico Kuybishev, Kuybishev, 1977.

Makhlin M.D. Amur aquário - Khabarovsk, 1990.

Menkel-Shapova T.I. Estudo da vegetação aquática e costeira dos lagos Kosinskiye. - Proc. Estação biológica de Kosinskaya, vol. 2, 1930.

Merezhko A.I. O papel das plantas aquáticas superiores na auto-purificação dos corpos de água. - Revista Hydrobiol. n.º 4, 1973.

Métodos de estudo de biogeocenoses de massas de água interiores. - Moscovo, Nauka, 1 975.

Mirkin B.M. Em algumas comunidades de plantas interessantes de praias de areia no meio do rio Belaya. - Botanich. zhurn. vol. 47, 1962.

Dicionário **Mirkin B.M.** de Agrofitocenologia e Ciência dos Prados. - Kiev, Naukova Dumka, 1991.

Morozov N.V. Biotecnologia ecológica: tratamento de águas naturais e residuais por macrófitas. - Kazan, Kazan State Pedagogical University, 2001.

Morozov N.V. Formas ecológicas e biotecnológicas de formação e gestão da qualidade das águas superficiais. - Tese de doutoramento, Universidade Estatal de Moscovo, 2003.

Mushket L.P. Utilização de vegetação aquática na agricultura. - Chelyabinsk, 1960.

Myalo E.G. Peculiaridades da localização das palhetas dentro do habitat. - Boletim do IOIP, Departamento de Biologia, vol. 1, 1962.

Neldushkin N. A. Testando o arroz do Extremo Oriente como planta forrageira na região de Irkutsk. - Criação de animais, 1964.

Nechaev A.P., Gapeka Z.I. Efémera de bancos rasos do baixo Amur. - Revista Botanich. n.º 1, 1970.

Nechaev A.P., Sapaev V.M. Plantas forrageiras de rato almiscarado em corpos de água de Priamurye. - Em: Sb. "Plant and animal world of the Far East", Khabarovsk, Khabarovsk Pedagogical Institute Publishing House, 1973.

Nikolskiy G.V., Aliev D.S., Milanovskiy Yu. - Moscovo, Znanie, 1987.

Nitsenko A.A. Curso curto de ciência do pântano. - Moscovo, Vysshaya Shkola, 1967.

A.A. Nitsenko, Sobre os conceitos de terras altas, planície e transição na ciência moderna dos pântanos. - No livro "Basic principles of the study of marsh biogeocenoses", L., Nauka, 1972.

Nomokonov L.I. Prados da planície de inundação do Yenisei. - M., 1959.

Odum Y. Fundamentos da ecologia. - Moscovo, "Mir", 1975.

Pavlenko G.E. Flora costeira e aquática de corpos de água do sul de Priamurye. - Uch. notes of Khabarovsk Pedagogical Institute, Khabarovsk, 1968.

Pavlenko G.E. Flora e vegetação de corpos de água nas proximidades de Khabarovsk. - Tese do autor, Universidade Tomsk, 1972.

Papchenkov V.G. Sobre a classificação de macrófitas de corpos de água e vegetação aquática. - Ecologia, No. 6, 1985.

Papchenkov V.G. Sobre a dinâmica sazonal da fitomassa das plantas ar-água. - Actas da Terceira Conferência "Vegetação aquática de massas de água interiores e a sua qualidade de água", Petrozavodsk, 1992.

Papchenkov V.G. Dynamics of hydrobotanical research in Russia. - Teses da Conferência Luso-Russa sobre Plantas Aquáticas "Hydrobotany-2000", Borok, 2000.

Papchenkov V.G. Wetlands e a sua investigação na Rússia. - Teses da Conferência Luso-Russa sobre Plantas Aquáticas "Hydrobotany-2000", Borok, 2000.

Papchenkov V.G. Cobertura vegetal dos reservatórios e cursos de água da região do Médio Volga. - Yaroslavl, MUBiNT Central Research Institute, 2001.

Papchenkov V.G., Shcherbakov A.V., Lapirov A.G. Conceitos básicos hidro-botânicos e termos relacionados. - Ryazan, Service, 2003.

Pachossky I.K. Fundamentos de fitocenologia. - Kherson, 1927.

Pashkevich V.K., Yudin B.S. Plantas aquáticas e vida animal. - Novosibirsk, Nauka, SB AS USSR, 1978.

Pokrovskaya T.N. Condições ecológicas de fotossíntese de hidrófitas litorais. - Em livro: "Anthropogenic eutrophication of lakes" (Eutrofização antropogénica dos lagos), Moscovo, 1976.

Poniatovskaya V.M. Consideração da abundância e das peculiaridades da distribuição das espécies em comunidades vegetais naturais. - No livro "Field geobotany", M.-L., 1964.

Poplavskaya G.I. Ecologia das plantas. - Moscovo, Ciência Soviética, 1948.

Potapov A.A. Fotossíntese de plantas submersas em ligação com o sobrecrescimento das margens superiores do reservatório de Tsimlyanskoye. - Proc. Vol. 2, 1956.

Potapov A.A. Valor das forragens da água e da vegetação costeira dos reservatórios. - Boletim da ciência agrícola, n.º 6, 1958.

Potapov A.A. Espessura em forma de anel e de barreira de plantas aquáticas em reservatórios. - Natureza, No. 12, 1960.

Potapov A.A. Sobrecrescimento de reservatórios de água rasa da parte europeia da URSS por hidrofitas, o seu significado económico e higiénico-epidemiológico. - Autor de dissertação de doutoramento, Moscovo, Academia de Ciências Médicas, 1962.

Rabotnov T.A. Métodos de estudo da reprodução de sementes de plantas herbáceas em comunidades. - No livro "Field geobotany", vol. 2, M.-L., 1960.

Rabotnov T.A. Fitocenologia. - Moscovo, Moscow State University Press, 1983.

Ramensky L.G. Principais regularidades de cobertura vegetal e o seu estudo. - Vestnik do negócio experimental, Voronezh, 1925.

Ramensky L.G. Introdução ao complexo estudo geobotânico do solo de terras. - Moscovo, Selkhozgiz, 1938.

Ramensky L.G. Sobre algumas das principais proposições da geobotânica moderna. - Revista Botanich. n.º 2, 1952.

Raspopov I.M. Sobre a aplicação de equipamento de mergulho no estudo da vegetação aquática das baías do Norte de Ladoga. - No livro "Biology of inland water bodies of the Baltic Sea", Moscow-Leningrad, USSR Academy of Sciences, 1962.

Raspopov I.M. Sobre os conceitos básicos e as direcções da hidro-botânica na União Soviética. - Uspekhi sovremennoi biologii, No. 3, vol. 55, 1963.

Raspopov I.M. Vegetação aquática superior do Lago Ladoga. - Proc. de Laboratório da Universidade de Leninegrado, No 21, 1968.

Raspopov I.M. Sobre alguns conceitos de hidro-botânica. - Hydrobiol. journal, vol. 14, no. 3, 1978.

Raspopov I.M. Macrófitas no sistema de formação de qualidade da água interior. - Materiais da terceira conferência. "Vegetação aquática de massas de água interiores", Petrozavodsk, 1993.

Raspopov I.M. Vegetação aquática superior de grandes lagos no Noroeste da URSS. - Л., 1985.

Rozanov M.P. Utilização de vegetação de água pantanosa para forragem de animais agrícolas. - Realizações da ciência e experiência avançada na agricultura, nº 6, 1954.

Romanenko V.I. Processos microbiológicos de produção e destruição de matéria orgânica em massas de água interiores. - L., Nauka, 1985.

Rossolimo L.L., Eutrofização antropogénica dos corpos de água, a sua essência e tarefas de investigação. - Revista Hydrobiol. n.º 3, 1971.

Rutkovskaya V.A. Resultados preliminares do estudo da penetração da radiação solar na coluna de água dos reservatórios e lagos. - No livro "Produção primária de mares e águas interiores", M., 1961.

Rychin, Yu.V. Flora de higrófitas. - Moscovo, Uchpedgiz, 1948.

Sadchikov A.P. Determinação da dinâmica diária da produção de macrófitas. - Boletim. Institute of Inland Waters Biology, USSR Academy of Sciences, No. 31, 1976.

Sadchikov A.P. Métodos de estudo do fitoplâncton de água doce. - Moscovo, Editora "Universidade e Escola", 2003.

Sadchikov A.P., Kudryashov M.A. Lecture Program on Hydro Botany. - Moscovo, MAKS Press, 2004.

Sambuk F.V. Esboço botânico e geográfico do vale do rio Pechera. - Actas do Museu Botânico da Academia das Ciências da URSS, número 22, 1930.

Sidelnik N.A. Tipos de sobrecrescimento de massas de água dos vales Dnieper e Samara-Dnieper. - Boletim do Instituto de Investigação em Hidrobiologia, 1948.

Sviridenko B.F. Flora e vegetação dos corpos de água do Norte do Cazaquistão. - Universidade Pedagógica de Omsk, Omsk, 2000.

Skvortsov A.K. Herbarium. - Moscovo, Nauka, 1977.

Slepukhina T.D. Novo modelo de draga. - Revista Hydrobiol. n.º 3, 1976.

Starostin I.V., draga de alçapão. - Proc. Estação Hidrobiológica de Murghab, edição. 4, 1958.

Stolyarov S.S. Cultivo de arroz forrageiro do Extremo Oriente em águas pouco profundas. - Criação de gado, n.º 4, 1968.

Taubaev T.T. Combate ao sobrecrescimento de canais por plantas daninhas. - Agriculture of Uzbekistan, #7, 1958.

Taubaev T.T. Plantas forrageiras valiosas para aves aquáticas. - Kolkhozno-sovkhoznoe proizvodstvo Uzbekistan, No. 5, 1963.

Takhtajian A.L. Sistema de filogenia de plantas floridas. - M.-L., Nauka, 1966.

Teoria e prática da auto-purificação biológica de águas poluídas. - M., 1972.

Tolmachev A.I. Introdução à geografia vegetal. - L., Editora da Universidade Estatal de Leninegrado, 1974.

Whittaker R. Comunidades e ecossistemas. - Moscovo, Progresso, 1980.

Métodos **unificados** de investigação sobre a qualidade da água. - ч. 3, M., CMEA, 1 976.

Fedchenko B.A. Biologia das plantas aquáticas. - M.-L., 1925.

Frantsev A.V. Sobre algumas formas de impacto na vida dos corpos de água doce. - Actas da VGBO, v.2, 1961.

Khabibulin E.T. Influência do peixe herbívoro no regime hidroquímico, na produção primária e na produtividade do peixe dos tanques. - Proc. The Belarusian Research Institute of Fisheries, vol. 10, 1974.

Hutchinson D. Limnology. - Moscovo, Progresso, 1969.

Hessão D.G. Tudo sobre a rocha e o corpo de água no jardim. - M., Editora "Kladez-Books" 2003.

Khmelev K.F. Laws of bog ecosystems development (on the example of Central Chernozem region.) - Tese do autor, Moscovo, TSKHA Publishing House, 1980.

Khromov V.M., Sadchikov A.P. Sobre a técnica de determinação da produção de macrófitas. - Biol. sci. no. 9, 1976.

Zirling M.B. Aquário e plantas aquáticas. - SPb, Gidrometeoizdat, 1991.

Chernov V.N. Características da vegetação aquática superior dos lagos da planície de inundação. - Notas científicas da Universidade Karelian-Finnish, ser. biológica, Petrozavodsk, 1948.

Shennikov A.P. Introdução à geobotânica. - L., Editora da Universidade Estatal de Leninegrado, 1964.

Shennikov A.P. Ecologia das plantas. - M., 1950.

Schmithausen V.A. Geografia geral da vegetação. - Moscovo, Progresso, 1966.

Shcherbakov A.P. Produtividade dos matos costeiros de macrófitas do Lago Glubokoe. - Actas da VGBO, vol. 2, 1950.

Shcherbakov A.V. Classificação das formas de vida e análise de informação sobre as floras regionais dos corpos de água. BOLETIM DO INSTITUTO DO AÇO E LIGAS DE MOSCOVO. Dept. de Biol. vol. 99, vol. 2, 1994.

Ekzertsev V.A. Vegetação da zona litoral do reservatório de Volgograd no terceiro ano da sua existência. - Actas do Instituto de Biologia das Águas Interiores, vol. 11, 1966.

Ekzertsev V.A. Produção de vegetação ribeirinha e aquática do reservatório de Ivankovskoye. - Boletim. Instituto de Biologia de Reservatórios, Academia de Ciências da URSS, No. 1, 1958.

Ekzertsev V.A. Classificação dos grupos de plantas na área temporariamente inundada do reservatório de Uglich. - Boletim do Instituto de Biologia de Reservatórios da Academia de Ciências da URSS, ¹ 6, 1960. Instituto de Biologia de Reservatórios, Academia de Ciências da URSS, ¹ 6, 1960.

Ekzertseva V.V. Produtividade das comunidades de mannika aquática no Reservatório de Ivankovskoe. - Na colecção "Estudo complexo de reservatórios de água", vol. 1, 1971.

Yaroshenko P.D. Geobotany. Conceitos básicos, direcções e métodos. - M. -L., 1961.

Abdin G. Produtividade biológica dos reservatórios referência especial ao reservatório de Aswan (Egipto). - Hydrobiologia, vol. 1, № 4, 1949.

Arber A. Plantas aquáticas. - A study of aquatic angiosperms, Londres: 1920.

Bursche E. Wasserpflanzen. - Radebeul, 1973.

Decey J.W., Klug M.J.. Efluxo de metano de sedimentos lacustres através de lentes de água. - Sciense, vol. 203, N 4386, 1979.

Drude O. Die Okologie der Pflanzen. - Braunschweig, 1913.

Gamas H. Die hohere Wasservegetation. - Em Handbuch der biologischen Arbeitsmethoden. - Berlim, Viena, Abt. 9, Halfte 1, H. 4, 1926.

Gessner F. Hydrobotanic -Berlin, 1959, Banda 1-2, 1955.

Hejny S. Okologische Characteristic der Wasser - und Sumpfpflanzen in den Slowakischen Tiefebenenen. - Bratislava, 1960.

Jaccard P. A distribuição da flora na zona alpina. - Novo Phytol., 11, 1912.

Kirby J.J. Fungos envolvidos na decomposição de *Ranunculus penicillatus* var. *calcareus* (R.W.Butcher) C.D.K.Cooke -Bull. Britânico. Mycol. Soc. -Vol.16, suppl. 1., 1981.

Luning K. Algas marinhas, o seu ambiente, biogeografia e ecofisiologia. - Nova Iorque, John Wiley, 1990.

Perkins B. Artrópodes que sublinham o jacinto de água. - PANS, vol. 20, N. 3, 1974.

Seidel K. Reinigung von Gewassern durch hohere Pflanzen. - Die Naturwissenschaften, 53.Jahrg, H.12, 1966.

Seidel K. Wasserpflancen Reiniger Abwasser. - Sonderdruck aus Umschau em Wissenschaft und TechnicBd. 67, № 17/67, 1967.

Spencer N. Emenias de insectos de ervas daninhas aquáticas. - PANS, vol. 20, N 4, 1974.

Starmach K. Metody badan spodowiska stawowego. - Biul. Zakladu. Biol. stawow PAN, N 2, s. 10 - 21, 1954.

Thienemann A. Die Binnengewasser Mitteleuropas. - Eine limnologische Einfurung, Die Binnengewasser, I. Stuttgart, 1925.

Westlake D.F... Alguns dados básicos para inverter a produtividade das macrófitas aquáticas. - Mate. Ist. Ital. Idrobiol, 18, 1965.

Wetzel R.G. Produtividade primária das macrófitas aquáticas. - Int. Verein Lymnol., Bd. 15, 1964.

Wetzel D.F... Técnicas e problemas de medições de produtividade primária em plantas aquáticas superiores e perifítonos. - Actas do Simpósio I.B.P. sobre Produtividade Primária em Ambientes Aquáticos Pallanza, Inaly, Abril, Mem. Ist. Idrobiol., vol.18, 1965.

CONTEÚDO

Autor: Sadchikov Anatoly Pavlovich - Doutor em Ciências Biológicas, Professor, Centro Internacional de Biotecnologia, Universidade Estatal de Moscovo Lomonosov